第1部　第1章　奄美大島におけるミカンコミバエ種群の再発生と根絶防除の経過

図1　ミカンコミバエ種群の成虫（雌）

図2　寄生果実の廃棄・埋没

第1部　第3章　外来生物としてのサツマイモの特殊害虫アリモドキゾウムシとイモゾウムシ

図1　イモゾウムシに食害されたサツマイモ（左）。多数の個体に食害されると右の写真のようになってしまう

図2　アリモドキゾウムシの色彩多型（川村清久撮影）

第1部　第5章　薩南諸島の外来種としての昆虫たち

図1　デイゴヒメコバチの形成する虫こぶ（ゴール）2007年2月徳之島にて撮影
図2　ゴール内のデイゴヒメコバチのサナギ
図3　2016年5月に開花していたデイゴ

第1部　第7章　外来種動物としてのアフリカマイマイ

図版1　野外におけるアフリカマイマイ Achatina (Lissachatina) furica (Ferussac) の生態。いずれも、2013年12月8日（木）与論島朝戸にある琉球石灰岩の崖地にて撮影。この日は雨模様だったため、昼間でも這い出していたが、晴天時の昼間は落ち葉の下などに隠れている。アフリカマイマイの生息地は、人家付近が多く、自然林の中では見かけない

第1部　第7章　外来種動物としてのアフリカマイマイ

図版2　上段左端：アフリカマイマイの交尾の様子。交尾開始個体が交尾受け入れ個体の上に乗って交尾を行っている。上段中・下段左端：交尾の接写。双方向に白いペニスを交尾相手の生殖孔に差し込んでいる状態が分かる。：他の写真はアフリカマイマイと同所的に見られた在来種の陸産貝類。上段右端：シュリマイマイ沖縄本島北部型。シュリマイマイ *Satsuma* (*Satsuma*) *mercatorina* (Pfeiffer) は沖縄本島に広く見られる固有種で、与論島にも一部の地域に生息している。下段中：オキナワウスカワマイマイ *Acusta despecta despecta* (Sowerby)。本種は農業害虫として知られ、畑地の野菜等を食害する。右中：キカイキセルガイモドキ *Luchuena reticulata* (Reeve)：奄美群島の固有種で樹上性の陸産貝類。本種は、琉球石灰岩地では岩の表面に付着していることが多い。下段右端：パンダナマイマイ *Bradybaena circulus circulus* (Pfeiffer)：奄美沖縄地域の固有種。本種は農業害虫としても認識され、畑地で野菜などを食害する

第2部　第1章　薩南諸島の陸水の外来生物：魚類とカメ類

図1　奄美大島河内川で駆除されたコイ

図2　奄美大島半田川でみられる国外外来種ジルティラピアとグリーンソードテール（手前）

第2部 第2章 薩南諸島の外来種問題：爬虫類・両生類の視点から

図1 物資に付いて奄美エリアを北上するホホグロヤモリ。南トカラに侵入した場合、固有種タカラヤモリの重大な脅威となるだろう

第2部 第5章 奄美大島の外来種マングース対策

図1 奄美大島のフイリマングース *Herpestes auropunctatus*
（環境省奄美野生生物保護センター提供）

図2 2012年1月16日に松田が点検したわなの位置（緑線がわなのルート）

奄美群島の外来生物

生態系・健康・農林水産業への脅威

鹿児島大学生物多様性研究会 編

南方新社

主たる調査地域

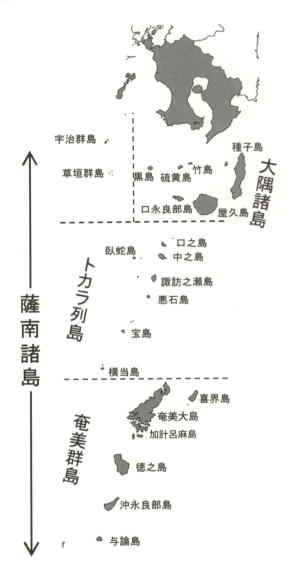

本書の主な調査地域は奄美群島であるが、上図の大隅諸島、トカラ列島なども含んでいる。

はじめに

　屋久島や種子島などを含む大隅諸島、12の小さな島々からなるトカラ列島、そして、奄美大島や徳之島を含む奄美群島からなる鹿児島県南部の島嶼地域は薩南諸島と呼ばれている。この地域は世界自然遺産の屋久島や固有種の多いトカラ列島を含むが、特に、南部の奄美群島は温帯と亜熱帯の狭間にあり、高い生物多様性が維持されていることで知られている。このため奄美群島は、国立公園化することが昨年決定され、さらに現在、数年後の世界自然遺産登録も目指している。

　このような世界自然遺産登録の機運の高まりに合わせて、鹿児島大学では奄美群島を含む薩南諸島の生物多様性研究を重点領域と位置付けて多くの研究を展開している。その成果の一端は、鹿児島大学生物多様性研究会企画の『奄美群島の生物多様性』（南方新社）として2016年3月に出版されている。

　本書は、それに続くものであり、標題は『奄美群島の外来生物』であるが、薩南諸島全体を視野に入れ、その生物多様性、自然と調和した産業および住民の健康に打撃を与えるような外来生物問題を紹介するために企画された。

　一般に外来生物と言えば、従来その地域にいなかったが、人間活動に伴ってほかの地域から侵入してきた生物のことである。必ずしも外国からではなく国内の他地域から持ち込まれたものも外来生物である。ただし、昆虫などでは持ち込みに由来するか判断が難しいため、本書では、人間活動に伴った侵入でなくとも他地域からの侵入が明らかなものは「外来生物」として取り扱う。

　これら外来生物には、農林水産業や人の健康、固有生物を含む環境に影響を与えるものもあるため、侵入を防止したり、侵入した場合の駆除を速やかに行ったりするための法律を農林水産省、環境省、厚生労働省などが定めている。しかし、それだけでは、外来生物のまん延を防ぐことができないこともある。まん延を防ぐためには、まず入れないことが一番重要だが、入ってしまった場合には速やかな発見と防除が重要である。このためには、島嶼域に住むあるいは訪れる人々の多くに、この状況をできるだけ正確に知ってもらうことが最も

重要と考えられる。

　そこで、本書では、14組の専門家に、奄美群島を主とした薩南諸島における外来生物の現状について執筆していただいた。第1部では、一般的には「ムシ」といわれる昆虫や軟体動物などの小動物およびそれによって媒介される微生物の外来種・侵入種に関して8章に分けて取り扱った。また、第2部では魚類から哺乳類までの脊椎動物の外来生物を5章に取りまとめた。

　まず第1章では、1980年の根絶宣言以来、実に35年ぶりに奄美大島で再発生し、群島の果樹や農業に打撃を与えた特殊害虫ミカンコミバエ種群について、その発見から駆除、根絶、緊急防除解除までの道のりと国、県、市町村、生産者および地域住民が一体となった奄美大島全域での協力体制について紹介する。第2章では、国内から奄美群島に侵入してしまったと推測されるゴマダラカミキリによるカンキツ樹への被害と、鹿児島大学と喜界町および大学と徳之島町が共同で行っている環境に配慮した防除プロジェクトの成果を紹介する。第3章では、現在鹿児島県離島部と沖縄県でもっとも労力を割いて根絶を目指している外来のサツマイモ害虫、アリモドキゾウムシとイモゾウムシの紹介および両県の防除プロジェクトとその研究成果について紹介する。第4章では、衛生害虫の外来種として、輸入物資などとともに侵入した毒グモ類および海外飛来性で感染症を媒介する蚊の仲間について、国内外での被害事例を紹介し、今後の薩南諸島での危険性について考察する。第5章では、害虫だけでなく、一般的な侵入昆虫として、デイゴヒメコバチ、クマゼミ、ノコギリクワガタなどの薩南諸島への侵入状況について紹介する。第6章では、薩南諸島で見つかる「人為環境に強く依存し分布を拡大している」放浪種と呼ばれるアリ類の分布状況とそれらが在来種に与える影響を紹介する。第7章では、軟体動物の陸生巻貝で世界的にも最大で最悪と称される侵入種であるアフリカマイマイについて、その人為的導入の歴史から現状までを紹介する。第8章では、ミカンキジラミの体内にすみ着いて移動し、南西諸島に侵入してしまったカンキツグリーニング病菌について、奄美群島での発生と、特に喜界島における防除根絶過程を紹介する。

　本書でこれら外来性（あるいは、放浪性、侵入性）の「ムシ」の紹介が8章にも及ぶことで分かるように、外来生物の中で「ムシ」たちの割合は多い。「ムシ」

たちは体が小さいために、持ち込むことも容易であり、また、島に侵入してもなかなか人目につかず、気づかれにくい。そのため、気づいたときには、その生息個体数は手の付けられないレベルに達してしまっていることが多いようである。

　脊椎動物を扱う第2部の第1章では、川や池などのいわゆる陸水に生息する魚類とカメ類について取り上げ、まず、6種の国内からの侵入種（国内外来種）および8種の国外外来種の分布状況を紹介し、さらに本来カメが分布しない奄美大島で発見される5種の外来カメ類についても紹介する。第2章では、カメ類を除く外来性の両生類および爬虫類について現在の侵入状況を紹介し、それらが在来種に与える影響を考察する。第3章では、特に奄美大島で野生化してしまったノヤギについてその分布と問題点を紹介する。第4章では、伴侶動物・愛玩動物として近年島嶼部でも数が増え過ぎて、固有生態系に影響を与えるようになってしまったノネコの問題を紹介する。また、コラムとしてこのノネコ問題に関する奄美大島住民の意識調査の結果の一部を紹介する。最後の第5章では、特に奄美群島で最も悪名高い外来種であるマングースの問題を取り上げ、マングースバスターズによる駆除作戦の様子を紹介する。

　第2部で取り上げる脊椎動物の外来種はほぼ人為的に持ち込まれてしまったものであり、私たち人間の責任を改めて考え、今後を考察していくための資料となっていけば幸いである。

　以上の全13章で奄美群島を主とした薩南諸島に見られる外来動物および微生物の問題を紹介するが、これらの問題には現在までに解決しているものはほとんどなく、また解決しているとしても再侵入がいつあるか警戒が必要なものばかりである。これらの問題には、行政、住民、研究者は常に目を向けて、協力しながら一つの将来に向けて対策を打っていくべきであると思われる。

　本書に取り上げられた一部研究の遂行および本書の企画出版は文部科学省への概算要求による「薩南諸島の生物多様性とその保全に関する教育研究拠点形成」予算によって進められたことをここに記して感謝したい。

2017年3月
　　　　　　鹿児島大学生物多様性研究会陸域動物部門代表　坂巻祥孝

目　次

第1部
昆虫・小動物・微生物

第1章　奄美大島におけるミカンコミバエ種群の再発生と根絶防除の経過　10
第2章　薩南諸島のゴマダラカミキリ類と農業被害　18
第3章　外来生物としてのサツマイモの特殊害虫アリモドキゾウムシと
　　　　イモゾウムシ ―生態と防除に関する最近の研究―　36
第4章　薩南諸島の外来の衛生動物　72
第5章　薩南諸島の外来種としての昆虫たち　85
第6章　薩南諸島における放浪種アリ類　108
第7章　外来種動物としてのアフリカマイマイ　132
第8章　奄美群島へのカンキツグリーニング病の侵入と喜界島での根絶事例　165

第2部
脊椎動物

第1章　薩南諸島の陸水の外来生物：魚類とカメ類　184
第2章　薩南諸島の外来種問題：爬虫類・両生類の視点から　190
第3章　薩南諸島のノヤギ問題と対策について　206
第4章　奄美大島と徳之島におけるノネコ問題の現状と取り組み　215
COLUMN　島の人たちにとってのネコ問題　226
第5章　奄美大島の外来種マングース対策 ―世界最大規模の根絶へ向けて―　230

装幀　大内喜来

第 1 部

昆虫・小動物・微生物

第1章
奄美大島におけるミカンコミバエ種群の再発生と根絶防除の経過

中村　浩昭

1　はじめに

　ミカンコミバエ種群 *Bactrocera dorsalis* species complex（口絵参照）は、中国、台湾、東南アジア、ハワイなどに分布する体長7.5mm程度の「小さなハエ」。ミカンなどの柑橘類だけでなく、バンジロウ、マンゴー、スモモ、パッションフルーツなどの多くの果樹類や、ピーマン、トマト、ナスなどのナス科野菜の果実を加害する広食性であることに加え、繁殖力が旺盛で移動分散力も大きいことから世界的農業害虫として恐れられている。かつて、奄美群島でも沖縄県から島伝いに侵入・定着していたため、1980年に根絶されるまでは寄主植物の果実を島外に自由に移動することができず、奄美群島の農業振興上、重大な障害となっていた（鹿児島県農政部 1980; 石井ほか 1985）。根絶確認後は、誘引剤を利用したトラップ調査などによる侵入警戒体制に移行し、平時より台湾やフィリピンなどの発生地域からの飛来に備えている。
　2015年初夏以降、奄美大島においてミカンコミバエ種群の大量誘殺や本虫の幼虫が寄生した果実（寄生果実）が見つかったことにより、同年12月から植物防疫法に基づく緊急防除が実施された。同島では、航空防除や果実除去・廃棄など官民協働による広域的な防除対策を講じた結果、2016年7月に根絶が確認されたことにより緊急防除が解除された。また、2015年11月には徳之島と屋久島でもミカンコミバエ種群の誘殺が確認されたことから、まん延防止・駆除のための防除対策が講じられ、奄美大島での緊急防除解除に併せて防除活動を終了している。

本稿では、奄美大島におけるミカンコミバエ種群の発生経過、緊急防除の実施から解除までの経過および今後の防除対策の方針について概略を記す。

2 奄美大島におけるミカンコミバエ種群の発生経過について

奄美大島では、108基のトラップによる月2回の回収調査と年2回の寄主植物果実調査により、ミカンコミバエ種群の侵入警戒に当たっていた。

このような中、2015年6月30日に奄美大島中部に位置する奄美市名瀬の大浜海岸付近に設置したトラップで、ミカンコミバエ種群の誘殺が1匹確認された。その後、同島の西海岸沿いに約17kmの範囲に誘殺地点が拡散したものの、誘殺数は少なく散発的で、7月末には同地域での誘殺はいったん終息した。

一方、奄美大島南部の瀬戸内町においても、7月22日から数匹の誘殺が継続的に確認されるようになった。9月に入ると様相は一変し始め、10月には誘殺数が急激に増加し、加計呂麻島では295匹、瀬戸内町全体としても436匹の誘殺が確認された。その間、誘殺地点は周辺市町村へと拡散し、11月上旬には奄美市笠利町を除く島内すべての市町村で誘殺が確認された（表1）。

さらに、9月15日に瀬戸内町で採取した庭木バンジロウの果実に幼虫の寄生が確認されて以降、寄生果実は瀬戸内町を中心に継続的かつ複数地点において確認され、隣接する宇検村や奄美市住用町でも突発的に確認された。寄生が確認されたのは、登熟期を迎えていたバンジロウを中心に、アセロラ、ピーマ

表1 奄美大島におけるミカンコミバエ種群の誘殺状況　　　　　　　　　　　　　　　　（単位：匹）

		2015年							2016年							合計
		6月	7月	8月	9月	10月	11月	12月	1月	2月	3月	4月	5月	6月	7月	
奄美市	名瀬	1	18	0	0	4	16	0	0	0	0	0	0	0	0	39
	住用	0	0	0	1	20	14	0	0	0	0	0	0	0	0	35
	笠利	0	0	0	0	0	0	0	0	0	0	0	0	0	0	0
大和村		0	2	0	0	15	43	0	0	0	0	0	0	0	0	60
宇検村		0	0	0	4	16	28	1	0	0	0	0	0	0	0	49
瀬戸内町	本島	0	0	5	29	93	64	1	0	0	0	0	0	0	0	192
	加計呂麻島	0	7	2	28	295	127	1	0	0	0	0	0	0	0	460
	請島	0	0	0	0	22	10	0	0	0	0	0	0	0	0	32
	与路島	0	0	0	2	26	2	0	0	0	0	0	0	0	0	30
龍郷町		0	0	0	0	0	7	0	0	0	0	0	0	0	0	7
合計		1	27	7	64	491	311	3	0	0	0	0	0	0	0	904

※ 数値は、奄美大島での初誘殺確認（2015年6月30日）から2016年7月11日までの誘殺数

ン、在来ミカンの果実であった。

　このように、誘殺と寄生果実が確認される地域が島内全域に拡大する傾向にあったことから、ミカンコミバエ種群の繁殖および定着ならびに他地域へのまん延を懸念せざるを得なかった。

3　奄美大島における防除対策について

　ミカンコミバエ種群の誘殺や寄生果実の確認を受けて、①調査体制の強化、②ミカンコミバエ種群の駆除、さらに、2015年12月からは植物防疫法に基づく緊急防除として、③寄主植物の移動制限が実施された。

(1) 調査体制の強化

　ミカンコミバエ種群の早期発見と迅速な防除を実施するため、本虫の誘殺地点から半径5kmを中心にトラップの増設を行い、12月までには平時の約3.6倍となる388基を奄美大島島内（加計呂麻島、請島、与路島を含む）に設置し、調査頻度も週2回の毎月8回の回収調査体制に強化した（図1）。さらに、そのほか

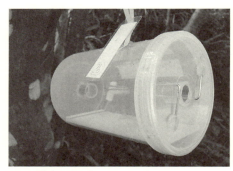

図1　誘引トラップ

かの島でもトラップ増設を行い、喜界島40基、徳之島105基、沖永良部島100基、与論島40基の計285基とし、誘殺が確認された徳之島では週2回、そのほかの未発生地域では週1回の回収調査体制に移行して、奄美群島全域での侵入警戒網の強化を図った。

　また、これまで誘殺地点周辺（誘殺地点から半径2km範囲内）で実施してきた寄主植物果実調査についても、12月からは奄美大島の全市町村において毎月1回、地域的な偏りがないように無作為に果実を採取し、定期的に幼虫の寄生の有無について調査した。

（2）ミカンコミバエ種群の駆除

　ミカンコミバエ種群の根絶のため、雄成虫を強力に引き寄せるメチルオイゲノールという誘引物質に少量の殺虫剤を混合した誘引殺虫剤を染み込ませた木材繊維の板（テックス板）を利用した「雄除去法」を実施した（図2）。

　この方法は、過去に奄美群島において本虫を根絶した最も効果的な防除法で、テックス板を野外に設置・投下して雄成虫を誘殺することで、雌の交尾機会を減らして次世代以降の個体数を減少させる手法である。

図2　テックス板

　防除に当たっては、集落や果樹園などの耕作地、道路沿線、海岸線などの樹木などにテックス板をつり下げる地上防除とともに、人の立ち入りが困難な山間部や崖部などについては、航空防除として、有人ヘリコプターによる上空からのテックス板の大規模投下を行った。

　航空防除は、2015年11月中旬から2016年7月上旬にかけて計5回累計82.2万枚のテックス板を投下した。地上防除については、7月から11月までは誘殺地点周辺を重点的に約3万枚を設置してきたが、12月からは航空防除に並行するように島内の全集落や道路、海岸線に約30～45日間隔で計6回累計20.4万枚を設置し、島内全域を網羅する広域的駆除対策の強化を図った。

　また、雄成虫以外の駆除対策として、寄生果実の確認地点から半径1km以内の寄主植物の果実9.2ｔを除去するとともに、果実除去地点や誘殺地点の周辺にはミバエ類の雌雄成虫を誘引する蛋白加水分解物に殺

図3　寄主果実の除去

虫剤を混ぜたベイト剤を散布した。

　さらに、12月下旬から3月にかけては、島内全市町村において、繁殖源の除去を目的とした官民協働による自主的果実除去・伐採も行われ、好適寄主のバンジロウや柑橘類を中心に、利用予定のない寄主植物の果実など合計約34.9 tを除去・埋設処理した（図3）。

（3）寄主植物の島外移動規制

　奄美大島でミカンコミバエ種群の大量誘殺が確認されたのは、折しも主要農産物のポンカンやタンカンの収穫を控えた時期であり、出荷されたポンカンやタンカンなどの寄主果実を介した未発生地域へのまん延を防止する必要があった。

　このため農林水産省は2015年11月4日開催の「第1回ミカンコミバエ種群の防除対策検討会議」において、植物防疫法に基づく寄主植物の移動規制の実施を決定し、「ミカンコミバエ種群の緊急防除に関する省令」などを公布（11月13日）のうえ、奄美大島全域を防除区域として、2015年12月13日から2017年3月31日までの約2年3カ月を実施期間として緊急防除を開始し、品目ごとに移動制限基準日（平年収穫開始日から平均気温で1世代相当期間をさかのぼった月日）が設けられ、奄美大島から島外への寄主植物の移動制限が開始された。

　防除区域に指定された奄美大島で生産された寄主果実のうち、植物検疫官により、①特定移動制限区域（移動制限基準日以降に誘殺が確認された地点から半径5 km以内の区域）で生産されたものでないこと、②ミカンコミバエ種群が付着している可能性がないことが確認された約349 tの寄主果実は、島外への移動が許可された。一方、特定移動制限区域内で生産された寄主果実については、ミカンコミバエ種群の繁殖源として卵および幼虫が存在するリスクが高いことから、植物検疫官から廃棄命令が出され、ポンカンやタンカンなど約1,816 tが廃棄された（口絵参照）。なお、廃棄された果実については、県による買取補償の負担軽減策が講じられ、生産者への経済的打撃は少なからず回避された。

4　緊急防除の解除について

　国、県、市町村、生産者および地域住民が一体となった奄美大島全域での一斉広域防除対策が功を奏して、11月下旬以降は誘殺数も1桁台で推移し、12月21日に瀬戸内町と宇検村で各1匹の誘殺が確認されて以降、3世代相当期間（2016年7月9日と試算）が経過した2016年7月11日までに新たな誘殺は確認されなかった。また、寄生果実は11月以降も散発的に確認されたものの、3月15日に瀬戸内町加計呂麻島で採取したバンジロウを最後に、それ以降に調査した約5万6千果でもミカンコミバエ種群の幼虫寄生は確認されなかった。
　これらの結果を踏まえ、7月13日に農林水産省で開催された「第4回ミカンコミバエ種群の防除対策検討会議」において、奄美大島で発生していたミカンコミバエ種群は根絶されたものとみなされ、同島の緊急防除を解除することは妥当と判断された。これにより、2015年12月13日から実施されていた緊急防除による寄主植物の移動制限措置は2016年7月14日に省令廃止となり解除された。当初設定された2017年3月31日よりは早かったものの、緊急防除開始から約7カ月、初誘殺確認から12.5カ月の歳月を要した。

5　今後の防除対策について

　奄美群島においては、今後も発生地域からの再侵入が危惧されることから、引き続き最大限の警戒が必要である。そのため、①トラップ増設および再配置による侵入警戒体制の強化、②誘殺確認時の迅速な防除体制の整備を進めるとともに、③地域住民等と連携し官民一体となって防除対策に取り組むことが不可欠である。

(1) 侵入警戒体制の強化
　奄美群島においては、国際基準に基づき、トラップ設置数を今回の侵入前の約1.3培となる301基に増設し、現地の地形などを考慮して再配置を行い、侵入警戒体制を強化した。

（2）誘殺確認時の迅速な防除体制の整備

　今回の奄美大島、徳之島、屋久島での事象を踏まえ、農林水産省は「鹿児島県大隅諸島以南におけるミカンコミバエ種群誘殺時の対応マニュアル」（対応マニュアル）を作成した。今後、万が一、ミカンコミバエ種群の誘殺が確認された場合は、①トラップ増設と地上防除を中心とした初動防除を直ちに実施し、さらに誘殺が継続する場合は、②航空防除による広域的な防除を実施することとしている。このため、国の植物防疫所でのテックス板の備蓄や広域防除の迅速かつ的確な実施体制の構築を進めることにしている。

　さらに、鹿児島県大島支庁では、国が作成した対応マニュアルを補完するために、「奄美群島におけるミカンコミバエ種群対応方針」を定めた。

（3）地域住民等との連携

　ミカンコミバエ種群の繁殖を防止する観点から、繁殖源となる寄主植物の植栽状況を把握して、効率的に不要な果実を除去することは重要である。今回の早期根絶も生産者や地域住民の理解と協力の下での、官民協働による防除対策への取り組みの賜であった。

　このため、市町村・県が作成した植栽地図や植物防疫所が作成した寄主植物採果カレンダーなどを住民に提供し、地域住民と連携した寄主植物の植栽管理に平時から取り組むことにしている。

　併せて、国と県のホームページなどを通じ、生産者や地域住民に対し、誘殺情報などの速やかな提供に努めることとしている。

6　最後に

　近年、地球温暖化に伴い南方系病害虫の生息分布域が急速に北上しつつあり、ミカンコミバエ種群についても、南シナ海沿岸地域から中国本土に分布を広げ、北緯35度付近までが潜在的な地理的分布域になっていると指摘されている（藤崎 2016; Shi et al. 2012）。今回の奄美大島、徳之島および屋久島での広域的多発生は、奄美群島のみならず薩南諸島や九州本土も含めて、これまで以上に侵

入やまん延リスクが増加していることを否めない。

　そのためにも、広域的な侵入警戒体制の構築などの万全な対策が求められるとともに、誘殺が確認された場合には、対応マニュアルに基づき、国、県および地元市町村はもとより、生産者や地域住民とも一体となってミカンコミバエ種群の新たな侵入・発生防止に努めていく。

参考・引用文献

鹿児島県農政部（1980）奄美群島におけるミカンコミバエ（*Dacus dorsalis* Hendel）撲滅の経緯. 鹿児島県農政部

石井象二郎・桐谷圭治・古茶武男編（1985）ミバエの根絶－理論と実際－. 農林水産航空協会

藤崎憲治（2016）ミカンコミバエ種群の再侵入と今後の侵入害虫対策の方向性. 学術の動向 2016（8）：40-47

Shi W, Kerdelhué C, Ye H（2012）Genetic structure and inferences on potential source areas for *Bactrocera dorsalis*（Hendel）based on mitochondrial and microsatellite markers. PLos ONE 7: e37083

第2章

薩南諸島のゴマダラカミキリ類と農業被害

津田　勝男

1　ゴマダラカミキリ類の分布

　ゴマダラカミキリは黒地に白い紋を持つ大型のカミキリムシで、市街地でもその姿を見ることができる。昆虫にあまり興味のない人でも知っているカミキリムシと言えば本種である場合がほとんどである。カミキリムシは、成虫が口に鋭いキバを持ち、これで髪あるいは紙を切ったことから"カミキリムシ"と呼ばれることになったと言われているが、この口で樹木の皮の部分を食べる。また、鋭いキバで樹皮に切れ目を作り、その切れ目に卵を産み付ける。産み付けられた卵からふ化した幼虫が材部を食べ進む。このため、食べた場所が悪い場合や集中的に食害された場合にはその木あるいは枝が枯れてしまうことになる。ゴマダラカミキリは、「日本産カミキリ虫食樹総目録（小島・中村 1986）」によると幼虫は 46 種以上の樹木を食べる広食性で、特にカンキツ類とセンダンを好み、カンキツ類の害虫として問題になっている。

　ところで、「ゴマダラカミキリ」と言っても日本には数種類が生息している。まず、ゴマダラカミキリ *Anoplophora malasiaca* は北海道から九州・沖縄まで分布する代表的な種で、これからは便宜上、この種を「ホンドゴマダラ」と称す。次に、奄美大島に分布しているオオシマゴマダラカミキリ *Anoplophora oshimana oshimana* を同様に「オオシマゴマダラ」と称す。オオシマゴマダラの亜種として徳之島に分布するものは *Anoplophora oshimana tokunoshimana* とされている。これを「トクノシマゴマダラ」と称す。沖縄島から先島諸島にかけてはタイワンゴマダラカミキリ *Anoplophora macularia* が分布しており、こ

れを「タイワンゴマダラ」と称すが、先島諸島の中の与那国島にはヨナグニゴマダラカミキリ *Anoplophora ryukyuensis* が分布している。これを「ヨナグニゴマダラ」と称す。以上、5種類の「ゴマダラカミキリ」を挙げたが、最近は中国大陸本土が原産のツヤハダゴマダラカミキリ *Anoplophora glabripennis* が侵入したとも言われている。これも同様に「ツヤハダゴマダラ」と称す。

　薩南諸島は種子島から与論島まで連なっている鹿児島県に属する島々のことで、北から順に挙げていくと、大隅諸島（黒島、硫黄島、竹島、口永良部島、馬毛島、屋久島、種子島）、トカラ列島（口之島、中之島、諏訪之瀬島、悪石島、小宝島、宝島、横当島）、奄美群島（奄美大島、加計呂麻島、喜界島、徳之島、沖永良部島、与論島）に分けられる。生物学的には、トカラ列島内の悪石島と小宝島の間に「渡瀬線」がある。「渡瀬線」は多くの動物の分布域を基にした境界である。一方、昆虫の分布を基にしたものとして「三宅線」があり、こちらは種子島・屋久島と九州の間にあるとされている。

　まず、前述したゴマダラカミキリ類の分布について考察する。1963年に発行された「原色昆虫大図鑑Ⅱ（中根ほか1973）」には、ホンドゴマダラ、オオシマゴマダラ、ツヤハダゴマダラの3種が登載されている。ただし、ホンドゴマダラの分布は日本全土、朝鮮、済州島、台湾となっており、かなり大ざっぱな記述しかない。また、オオシマゴマダラは奄美大島となっているが、ツヤハダゴマダラは本州に「？」が付いており、ほかは石垣島、朝鮮、満州、支那となっている。次に、1984年に発行された「原色日本甲虫図鑑（Ⅳ）（林ほか1984）」では記述が少し詳しくなっている。これにはホンドゴマダラとオオシマゴマダラ、ヨナグニゴマダラの3種が登載され、ホンドゴマダラの分布は、北海道・本州・四国・九州のほか、佐渡・隠岐・対馬・壱岐・伊豆諸島・琉球（南西諸島・沖縄）、台湾、中国、マレーと詳しくなっている。オオシマゴマダラは奄美大島のほか、徳之島と沖縄本島が加わっている。ヨナグニゴマダラは与那国島のみの分布である。1984年には「日本産カミキリ大図鑑（日本鞘翅目学会1984）」も発行された。こちらはカミキリムシだけを扱った初めての図鑑で、各種の記述はさらに詳しい。これには日本産のゴマダラカミキリ類としてホンドゴマダラとオオシマゴマダラ、ヨナグニゴマダラの3種が登載され、ホンドゴマダラの分布は、北海

道・本州（ヤブツバキ帯）・四国・九州のほか、島嶼部は粟島・隠岐・冠島・対馬・伊豆諸島・種子島・屋久島で、国外は台湾、朝鮮、済州島、中国、マレーとなっている。オオシマゴマダラの分布は奄美大島、徳之島と沖縄本島で、本図鑑ではヨナグニゴマダラはオオシマゴマダラの亜種という扱いになっており、分布は与那国島と台湾になっている。また、本図鑑では、ツヤハダゴマダラについて本州と石垣の記録を紹介しているが、「日本に土着しているとは思われない（原文のまま）」と記述されている。その後、1992年に「日本産カミキリムシ検索図説（大林ほか 1992）」が発行されたが、これはカミキリムシを同定するためにまとめられた図鑑で、分布についての記述は詳しくない。ホンドゴマダラの分布は北海道・本州・四国・九州のほか、島嶼部は伊豆諸島・対馬・沖縄とされており、佐渡・隠岐・壱岐・南西諸島の記述は無くなっている。国外については台湾、中国、マレーに朝鮮半島と済州島が追加されている。オオシマゴマダラについては、奄美大島・徳之島・沖縄本島の3島で変わりはない。ヨナグニゴマダラも与那国島のみの分布となっている。オオシマゴマダラとヨナグニゴマダラの分布は妥当だとしても、ホンドゴマダラの分布にはかなり怪しいものがあると考えられる。2007年に発行された「日本産カミキリムシ（大林・新里 2007）」では編者の大林延夫氏と新里達也氏を中心に過去の記録が再検討され、新たな知見も加えられた。すべてを引用すると膨大になるので、ここでは九州から南の薩南諸島と琉球諸島だけを紹介する。ホンドゴマダラは種子島・屋久島・奄美大島・与論島・沖縄本島・宮古島に分布することが確認されている。オオシマゴマダラは奄美大島・沖永良部島・沖縄本島・石垣島・西表島での分布が確認され、先島諸島の空白部分の一部が埋まっている。ただし、喜界島の記載は見当たらない。オオシマゴマダラの亜種であるトクノシマゴマダラは徳之島のみに分布することになっている。ヨナグニゴマダラも与那国島だけに分布することになっている。タイワンゴマダラは1990年代初めに沖縄本島に侵入した後に、宮古島、石垣島に分布を広げていると記述されている。

　以上のことから、薩南諸島にはホンドゴマダラとオオシマゴマダラの2種が分布し、オオシマゴマダラの亜種として徳之島にはトクノシマゴマダラが分布していることが現時点の最新知見になる。

ところで、昆虫の分布拡大については、風や気流を含めた飛翔による移動と、幼虫が食入した材木が海流によって流される場合が考えられている。前者については、中国大陸南部から下層ジェット気流に乗って日本にやってくるトビイロウンカなどの海外飛来性害虫のほか、台風などの強風によってやってくる迷蝶類や、クロマダラソテツシジミのように飛来した後に定着する蝶類、アサギマダラのように自力で渡りをする蝶が知られている。これらに対して、カミキリムシなどの甲虫類は海流による分布拡大が主であると考えられている。ただし、ゴマダラカミキリ類は生木しか食べないので、幼虫が食入した木が海流に運ばれて分布を広げる可能性はほとんどないと考えられる。

　島から島への分布拡大は人為的な要因であると考えられる。人為的要因としてまず考えられるのが、カンキツ類の苗木による移動である。しかし、ゴマダラカミキリ類の生態を考慮すると、可能性はかなり低い。なぜなら、カンキツ類の苗木は主に1年生苗か2年生苗で取り扱われ、幹の太さはせいぜい2cm程度しかない。通常であればゴマダラカミキリはこのような細い幹（枝）には産卵しない。ただし、狭い容器に収容する飼育条件下では細い枝にも産卵することがあるので、自然条件下でも産卵に適した幹（枝）が無い状況であれば細い幹（枝）に産卵する可能性は否定できない。例えば雌成虫が苗木だけを植栽してある圃場に紛れ込んだ場合は、仕方なく苗木に産卵することも考えられる。このことから、苗木による移動についてもその可能性は否定できない。ただし、幼虫が苗木に食入した場合には食入部位の先は枯れてしまうので、苗木業者なら気付くはずである。このように考えると苗木による移動の可能性は限りなく低い。

　もう一つ考えられる移動手段は船である。船はヒトに限らず物資の輸送手段として各島の間を往来している。昼夜を問わず行き来している。ゴマダラカミキリ類は灯火にも飛来するので、船が港に係留している間に船の明かりに飛来してくることが考えられる。船がそのまま出港して翌朝になって別の島に到着した場合、ゴマダラカミキリもそこで下船することが考えられる。実際に筆者は、奄美大島の名瀬港で蛾やカメムシなどの多くの昆虫が船の甲板に設置された明かりに飛来してくるのを目撃した。それらの昆虫のほとんどは鹿児島まで運ばれた。通常では灯火に飛来した昆虫は夜明けとともに灯火を離れて散って

いくが、この時間帯に船が航行中であれば、飛び立った昆虫たちは陸地に到達することなく死んでしまうと考えられる。一方、夜が明けた時点で港に到着していれば、飛び立った昆虫たちは陸地に到達することができると考えられる。筆者が目撃した時はちょうど夜明け前に鹿児島港に到着し、奄美大島から運ばれてきた昆虫たちは無事に鹿児島市内に飛び立っていった。このようにして船で運ばれる可能性も考えられる。

いずれにしても現在でもトカラ列島にはゴマダラカミキリ類の分布が確認されていないことから、ホンドゴマダラの本来の南限は屋久島と種子島であると考えられ、オオシマゴマダラは奄美大島から沖縄本島までの分布で、ヨナグニゴマダラは与那国島のみの分布と考えられる。沖縄本島と与那国島の間の島々にはオオシマゴマダラとヨナグニゴマダラのどちらが分布するかということについては不明とされていたが、前述したとおりヨナグニゴマダラの分布は与那国島に限られたままで石垣島と西表島でオオシマゴマダラが確認されたことから、先島諸島の島々にはオオシマゴマダラが分布していると考えられる。ただし、石垣島にはタイワンゴマダラの分布も確認されている。

2　ゴマダラカミキリ類の外観的特徴

ゴマダラカミキリ類の外観的特徴について、まず上翅に現れる白紋を基にして区別した例を紹介する。ホンドゴマダラとオオシマゴマダラ、ヨナグニゴマダラ、タイワンゴマダラの4種について白紋の分布を6列に分けてみると、図1に示したように1列目の白紋は中央部に二つ並んで現れる。ホンドゴマダラは小さく、消失する場合もある。2列目はオオシマゴマダラとヨナ

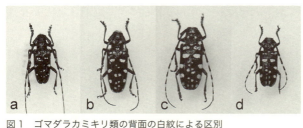

図1　ゴマダラカミキリ類の背面の白紋による区別
　　a) ホンドゴマダラ、b) オオシマゴマダラ、
　　c) ヨナグニゴマダラ、d) タイワンゴマダラ
※ホンドゴマダラの白紋は小さく、2列目の白紋は二つ。前胸背に白紋はない。オオシマゴマダラの白紋は大きく、白〜黄白色。オオシマゴマダラ、ヨナグニゴマダラ、タイワンゴマダラの2列目の白紋は大きくて横帯状。オオシマゴマダラ、ヨナグニゴマダラ、タイワンゴマダラの前胸背に白紋がある。

グニゴマダラ、タイワンゴマダラでは大きな横帯状の白紋が一つになるのに対し、ホンドゴマダラは小さな二つの白紋になる。3列目はオオシマゴマダラとヨナグニゴマダラ、タイワンゴマダラでは外側に大きな横帯状の白紋になり、ホンドゴマダラでは小さな白紋になる。4列目の白紋は4種とも会合線付近にあるが、消失することがある。5列目の白紋は4種とも外側にあり、二つが斜めに並ぶ。6列目の白紋は4種とも会合線付近にある。2列目の白紋に着目してみると、ホンドゴマダラとそれ以外のゴマダラカミキリ類については白紋が二つに分かれるか一つの横帯状になるかで分類できそうである。この分類基準から判断すれば、奄美大島以南のゴマダラカミキリ類（オオシマゴマダラ、ヨナグニゴマダラ、タイワンゴマダラ）は、2列目の白紋が横帯状で1個だけということで、ホンドゴマダラと区別することができると考えられる。

　次に腹面の微毛を観察したところ、図2に示したようにホンドゴマダラの腹面の微毛は透き通った感じの青白色で中脚の根元辺りの側面（中胸側板）にも一様に密生している。一方、奄美大島産のオオシマゴマダラの腹面の微毛は白色〜黄白色で、中胸側板には明瞭な三角形のはげ（毛が無い部分）が見られる。ヨナグニゴマダラの腹面の微毛は白色で、本種にも"三角はげ"が現れる。タイワンゴマダラの腹面の微毛

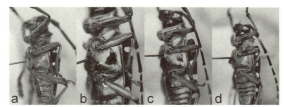

図2　ゴマダラカミキリ類の側面からの区別
a）ホンドゴマダラ、b）オオシマゴマダラ、
c）ヨナグニゴマダラ、d）タイワンゴマダラ
※ホンドゴマダラの微毛は透明な青白色で"三角はげ"は現れない。オオシマゴマダラの微毛は白〜黄白色で明瞭な"三角はげ"が現れる。ヨナグニゴマダラの微毛は白色で、"三角はげ"が現れる。タイワンゴマダラの微毛は透明な青白色で"三角はげ"は不明瞭。

はホンドゴマダラと同じような透き通った感じの青白色で、不明瞭ではあるが"三角はげ"のような部分も認められる。このように腹面の微毛の色と生え具合でもゴマダラカミキリ類を分けることができると考えられる。

　ここで、2008年以降に徳之島産で採集されたゴマダラカミキリを見てみることにする。徳之島のトクノシマゴマダラはオオシマゴマダラの亜種なので、オオシマゴマダラと同じ特徴を持っていると考えられる。ところが、徳之島で採集した個体には図3に示したようにオオシマゴマダラ型とホンドゴマダラ型

図3　徳之島産ゴマダラカミキリの背面と側面
a) トクノシマゴマダラ型背面、b) ホンドゴマダラ型背面、c) トクノシマゴマダラ型側面、d) ホンドゴマダラ型側面
※トクノシマゴマダラ型の白紋は大きく（背面）、"三角はげ"が現れる。ホンドゴマダラ型の白紋は小さく（背面）、"三角はげ"は現れない。両タイプとも2列目の白紋は横帯状の1個で、微毛の色は透き通った青白色。

の両者が認められる。背面の白紋が大きく、明らかにオオシマゴマダラ型と判断される個体でも、腹面を見てみると微毛の色は透き通った感じの青白色でホンドゴマダラと同じ特徴を示す。さらに白紋が小さいホンドゴマダラ型の個体では"三角はげ"が現れない場合もある。このような個体はホンドゴマダラに分類されても違和感はない。ただし、白紋が小さくても2列目の白紋は横帯状であるという特徴は、むしろタイワンゴマダラの特徴にも当てはまる。

次に、喜界島で採集されたゴマダラカミキリを観察してみたところ、喜界島産の個体は図4に示したように背面の白紋は小さい。2列目の白紋については横帯状で1個の個体も存在するが、ほとんどの個体は2個になる。腹面についても微毛は透き通った感じの青白色がほとんどである。腹面の"三角はげ"もまったく見られない個体からよく見るとはげに見えそうな個体まで様々であるが、少なくとも明瞭ではない。これらの特徴はホンドゴマダラに当てはまる。ここで考えられるのが、ホンドゴマダラとオオシマゴマダラが交配して交雑個体が産まれた可能性である。このことを実証するためには、それぞれの純系同士を交配した場合にどのような子どもが産まれるかを確認する必要がある。

図4　喜界島産ゴマダラカミキリの背面と側面
a) オオシマゴマダラ型背面、b) ホンドゴマダラ型背面、c) オオシマゴマダラ型側面、d) ホンドゴマダラ型側面
※オオシマゴマダラ型の白紋は大きく（背面）、不明瞭な"三角はげ"が現れる。ホンドゴマダラ型の白紋は小さく（背面）、"三角はげ"は現れない。2列目の白紋は1個～2個。微毛の色は透き通った青白色。

3　ゴマダラカミキリ類幼虫の飼育と挫折

　奄美大島、喜界島、与那国島、石垣島、本土のゴマダラカミキリ類の雌成虫が得られたので、これらから採卵して幼虫を飼育した。それぞれ来歴がはっきりした母親から純系を作出し、これらをお互いに交配させて次の世代にはどのような個体が生じるかを確認するために累代飼育を試みた。例えば、明瞭な三角はげを持つオオシマゴマダラと三角はげを持たないホンドゴマダラを交配すれば、両者の子に三角はげが現れるか否かを確認することができる。ところが、この試みは思わぬ形で挫折してしまった。ゴマダラカミキリ類は人工飼料で飼育することができるので人工飼料を調製して飼育を行った結果、いずれのゴマダラカミキリ類の幼虫も順調に成長した。ただし、この試みは幼虫を成長させるものではない。幼虫がある程度まで成長したら、蛹、さらに成虫にならないと意味はない。また、交配実験をするためにはそれぞれの種が同じ時期に成虫になる必要がある。Keena（2005）はツヤハダゴマダラの大量飼育において、10℃の低温に12週間遭遇させれば飼育個体群が一斉に蛹化すると報告しているので、この方法に準じて低温処理を行った。25℃で飼育していたのを10日ごとに5℃ずつ温度を下げて10℃で90日間を過ごさせた後、今度は5℃ずつ温度を上げていった。すると20℃に温度を上げた頃からホンドゴマダラと喜界島のゴマダラ、石垣島のタイワンゴマダラでは蛹化が認められた。飼育温度を25℃に戻した時点でほとんどの個体が蛹化したが、オオシマゴマダラとヨナグニゴマダラでは数頭しか蛹化は認められなかった。正確な数値は省略するが、低温処理後の蛹化率はホンドゴマダラとタイワンゴマダラでは9割以上であったのに対し、オオシマゴマダラとヨナグニゴマダラは1割未満であった。一方、喜界島産のゴマダラは約5割が蛹化した。翌年に奄美大島産、喜界島産、徳之島産の個体で同様の飼育実験を行ったところ、奄美大島産は前年と同様に蛹化率が1割弱であったのに対し、喜界島産は約4割、徳之島産は約7割が蛹化した。この低温処理でホンドゴマダラとタイワンゴマダラは狙い通りに蛹化することが確認されたが、オオシマゴマダラとヨナグニゴマダラのように低温処理だけでは蛹化しない場合があることが確認された。このように純系を作出

して交配する試みは見事に挫折したが、これらの結果から低温処理に対する反応については、徳之島産と喜界島産の個体は本来のオオシマゴマダラの性質が失われてホンドゴマダラの性質が現れている可能性が示唆された。徳之島産と喜界島産のゴマダラカミキリは、ホンドゴマダラとの交配による影響が現れている可能性が考えられた。一方、タイワンゴマダラも10℃90日間の低温処理で蛹化が促されることが確認されたことから、交配の相手がタイワンゴマダラである可能性も考えられる。

徳之島産と喜界島産のゴマダラカミキリで交雑が行われている可能性について、三宅（2015）は各島の個体からDNAを抽出して解析した結果、喜界島と徳之島の個体群は交雑で生じた雑種であることを確認している。ただし、この分析法では親が何者であるかということは分からない。

4 ゴマダラカミキリ類による農業被害

奄美群島ではゴマダラカミキリ類によるカンキツ類の被害が問題になっており、特に徳之島および喜界島ではカンキツ類が次々と枯死している。前述したように奄美群島には元々オオシマゴマダラが生息していたが、カンキツ類の被害は以前にはそれほど問題とされていなかった。その要因として、オオシマゴマダラは加害植物としてイスノキやスダジイを好むと考えられていた。筆者は趣味としてカミキリムシ類を集めており、奄美大島にも数回にわたって訪れたが、オオシマゴマダラは山の中で偶然に採集される場合が多く、比較的に珍しい部類に入るカミキリムシであった。しかし、2008年頃から徳之島および喜界島ではゴマダラカミキリ類による被害が目立ち始めた。このことから当種の生態が変化した可能性が考えられる。加害生態について、1本の木に1～2頭の幼虫が食入する程度でミカンの木が枯れることはほとんどない。5～6頭あるいはそれ以上の数の幼虫が食入すると枯死に至ることが多い。実際に喜界島と徳之島の調査では10頭を超える幼虫の食入と脱出孔を確認したことから、加害生態が集中的加害に変化した可能性も考えられる。

一方、本州から九州、屋久島まで分布していたホンドゴマダラは1970年代に奄美諸島へ侵入したことが確認されており、その後からカンキツ類の被害が

目立ってきたとも言われている。このため、地元では侵入してきたホンドゴマダラがカンキツ類に被害を与えていると考えられることが多い。ただし、カンキツ園では実際にオオシマゴマダラとホンドゴマダラの両種と、両種の交雑種と思われる個体が採集されている。

　ホンドゴマダラは九州本土でも大発生することはあるが、1本の木に集中加害して枯死させてカンキツ園を廃園に追い込むほどの被害はほとんどない。このことから、南の島に侵入したホンドゴマダラが温暖な気候に適応してカンキツ類で大発生するようになった可能性が考えられる。また、ホンドゴマダラとオオシマゴマダラが交雑した結果、雑種強勢効果によってカンキツ類で大発生するようになった可能性も考えられる。さらに、最近の被害の重症化については中国産のツヤハダゴマダラおよび台湾産のタイワンゴマダラの侵入の可能性も考えられる。

　視点を変えてみると、奄美群島でゴマダラカミキリ類によるカンキツ類の被害が問題になっている要因として、高齢化などに伴うカンキツ園の管理不足や放置がゴマダラカミキリ類の被害拡大を助長していることも考えられる。しかし、カンキツ園の管理不足や放置は喜界島や徳之島だけに限られた話ではないことから、喜界島と徳之島で特に被害が大きいことの説明にはならない。

表1　喜界町におけるゴマダラカミキリ買い取り数の推移

年度	買い取り数（頭）
2007年	2,040
2008年	1,953
2009年	―
2010年	―
2011年	1,730
2012年	1,358
2013年	1,686
2014年	3,173
2015年	3,601
2016年	1,437

※データは喜界町農業振興課提供。2009年と2010年は買い取りを行っていない。2015年からバイオリサ全島施用を開始した。

表2　徳之島町におけるゴマダラカミキリ買い取り数の推移

年度	買い取り数（頭）
2011年	31,181
2012年	40,807
2013年	60,703
2014年	58,973
2015年	40,455
2016年	24,669

※データは徳之島町農林水産課提供。2014年から手々地区でバイオリサ試験開始。2015年からバイオリサ助成開始。2016年は9月までの買い取り数。

　喜界町と徳之島町では、ゴマダラカミキリの防除対策として成虫の買い上げを行っている。この取り組みには地域住民にカンキツ害虫としてのゴマダラカミキリの認知と関心を促す期待も込められている。表1と表2に喜界町と徳之島町における買い取り数の推移をそれぞれ示した。喜界町では2007年度から買い取りを始めており、2011年2012年には減少傾向が見ら

れたが、2014年から2015年にかけて急増している（表1）。一方、徳之島町は2011年から買い取りを始めている。こちらはカンキツ類の栽培規模が大きいので買い取り数もケタはずれに多いが、2013年から2014年にかけて急増している（表2）。残念ながら成虫の買い取りだけではゴマダラカミキリの被害拡大を防ぐことができなかったことが考えられる。もちろん、買い取りを行わなければ被害はもっとすごい勢いで拡大していったと考えられるので、一定の抑制効果はあったものと判断される。

5　天敵糸状菌を利用したゴマダラカミキリの防除

　ヒトが病気にかかるのと同様に昆虫も病気にかかる。病気の原因となる微生物にはヒトと同様に、細菌、カビ、ウイルスなどがある。これらの病原微生物は天敵微生物と呼ばれ、昆虫の中でもある特定のグループあるいは1種だけにしか感染しないことから、ヒトや家畜などはもちろんのこと、ミツバチなどの有用昆虫に対する影響もない安全な素材として害虫防除に利用する研究が進められ、既に多くの天敵微生物が実際の農業現場で利用されている。

　『バイオリサ・カミキリ　スリム（出光興産株式会社；以下バイオリサ）』は昆虫病原糸状菌の一種である *Beauveria brongniartii* をパルプ不織布に固定させた生物的防除資材として開発された。*Beauveria brongniartii* は主に鞘翅目昆虫から発見されることが多い菌で、バイオリサはこの中でゴマダラカミキリ類とキボシカミキリに対して特に病原性が強い菌株を基にしている。バイオリサは紙パルプを主成分とした不織布をベルト状に成形し、このベルトに培養液を加えて菌を培養・繁殖し、これをカンキツ樹の幹に巻きつけて設置する。カミキリムシはこのベルトの上を歩行する際に菌が体に付着して菌に感染する。従来の発想を転換させた画期的な防除素材と言える。設置位置や設置時期、設置密度などの設置方法については、九州各県の果樹害虫担当者が綿密な研究を行い（柏尾・氏家 1988; 橋元ほか 1992; 九州農業試験研究推進会議 1994）、商品化に貢献している。

　ただし、これらの一連の研究は九州本土での有効性を実証したのに対し、沖縄県における有効性については否定している。沖縄県において有効性が否定さ

れた要因として、オオシマゴマダラあるいはほかのゴマダラカミキリの発生期間が長いことと、カンキツ圃場周辺からの移出入が頻繁であることが挙げられている（九州農業試験研究推進会議 1994）。

　発生期間が長いことと周辺からの移出入が頻繁であることは、バイオリサにとっては大きな問題となる。昆虫病原糸状菌は昆虫の体表に付着した胞子が発芽し、皮膚を通して体内に侵入する。体内に入った菌が体内で増殖して充満してしまった昆虫は死亡する。このため感染してから死亡するまでには1～2週間程度の時間を要する。また、菌に感染した個体はいずれ死亡するにしても、死亡する2日前までは健康な個体と同様に行動することがわかっている。産卵するためにミカンの木に飛来した雌成虫がそこに設置してあったバイオリサに接触して菌に感染したとしても、その後の約10日間は卵を産み続けると考えられる。ゴマダラカミキリ類は約100日間にわたって100個以上の卵を産むので、菌に感染した場合には感染後11日目から100日後までに産むはずだった卵の産卵を防ぐことはできるが、最初の10日間の産卵は防ぐことができない。一方、カミキリムシの中には成虫として羽化した時点では卵巣がまだ成熟していないために産卵できない場合がある。これを産卵前期間と呼ぶが、ゴマダラカミキリは幸いにもこの性質を有しており、卵巣が成熟するまでの産卵前期間が約10日間であることが分かっている。したがって、羽化直後の個体が菌に感染すれば産卵を始める前に死亡することになる。この場合は100％の産卵を防止することが期待できる。この効果を狙って、バイオリサを設置する際には主要な羽化脱出部位である地上30cmから50cm付近に菌を設置する。また、設置時期については、ゴマダラカミキリの成虫が羽化を始める時期に合わせる。例えば徳之島では4月25日頃、喜界島では5月1日頃がゴマダラカミキリの羽化開始時期であることから、この時期にバイオリサを設置する。

　バイオリサは菌を不織布で培養することによって、効果の持続が期待される。例えば菌を直接散布した場合には、そこにいた虫に感染させることは可能であるが、虫の体に付着しなかった菌は降雨で流されてしまう。この場合は新たに発生あるいは飛来した成虫に対する効果はない。毎日あるいは数日おきに散布しなければならなくなるので相当な労力が必要になる。一方、菌を培養したベルトはいったん設置すると、そこに残って胞子を維持する。降雨で表面の胞子

が流された場合でも胞子は再生産される。これまでの実証実験で、バイオリサをミカンの木に設置した場合には1カ月間は活性が保たれることが確認されている。また、降雨の影響がまったくないハウスでは2カ月間も効果が保たれた例も報告されている（九州農業試験研究推進会議 1994）。

6 喜界島におけるバイオリサの広域施用

前述した通り、奄美諸島ではゴマダラカミキリ類によるカンキツ類の被害が問題になっており、特に喜界島および徳之島ではカンキツ類が次々と枯死している。ゴマダラカミキリ類の防除対策として、一般的にはスプラサイド乳剤の散布やガットサイドの塗布などの殺虫剤の使用および捕殺による成虫期防除のほか、園芸用キンチョールの食入孔注入や針金による捕殺などの幼虫期防除が行われるが、喜界島においては十分な防除対策がとられていなかった。また、喜界島においては経済栽培園以外に一般家庭の庭先に植栽されているカンキツ類も多く、これらのカンキツ類の被害も発生を助長していると考えられていた。さらに、喜界島においては生活用水を地下水源に依存しており、殺虫剤の散布には制約がある。

バイオリサは、効果が約1カ月は持続するなど、管理不足あるいは放置園が多い地域での利用にも向いている。ただし、奄美群島での使用例が非常に少なかったため、本土で開発された技術がそのまま適用できるかは不明であった。また、前述したように沖縄においてバイオリサは有効でないと考えられていた。バイオリサの実用化に向けての基礎研究は九州各県の試験研究機関が共同で実施してデータを蓄積したが、沖縄県においては成虫の発生期間が3月下旬から7月末まで長期に及ぶこと、カンキツ園の周辺にゴマダラカミキリの寄主植物となりうるセンダン、イタジイ、イスノキ、クスノハカエデなどが多いこと、カンキツ園と周辺環境の間での移出入が頻繁なことなどの理由からバイオリサによる被害防止効果は低いと判断された（九州農業試験研究推進会議 1994）。

喜界島は九州本土と沖縄県（沖縄本島）の中間に位置するため、バイオリサによる効果が低くなることが懸念されたが、2012年から大朝戸・西目地区においてバイオリサを広域施用する実験を行ったところ、2012年から2014年ま

表3 喜界島町大朝戸地区におけるゴマダラカミキリ幼虫の食入孔数の推移

年度	調査樹数(本)	被害樹数(本)	被害樹率(%)	幼虫数(頭)	1樹当たり幼虫数(頭/樹)
2011年	34	23	67.6	40	1.26
2012年	108	47	43.5	81	0.75
2013年	108	12	11.1	12	0.11
2014年	548	45	8.2	55	0.1
2015年	166	15	9	25	0.15
2016年	146	8	5.5	9	0.06

※調査は11月に実施した。

での3年間で顕著な効果が得られた。

　バイオリサの広域施用を実施した大朝戸・西目地区については、まず予備的に2011年の秋にゴマダラカミキリ類による被害状況を調査した。表3に示したように2011年には調査樹の約7割にゴマダラカミキリ幼虫が食入しており、食入数も複数のものが多く認められた。2012年5月1日にバイオリサを設置したが、前述した通りバイオリサは1回の施用だけで劇的な防除効果が得られるものではない。それでも2012年の秋に行った幼虫食入調査では、食入樹の割合は約4割まで低下し、1樹当たりの食入孔数も減少する傾向が認められた。さらに、バイオリサ施用2年目に当たる2013年の秋の調査では食入樹の割合は約1割まで低下し、1樹当たりの食入孔数は2年前の約10分の1に減少した。

　この時には同時にゴマダラカミキリの羽化脱出消長の調査も行った。それ以前の研究蓄積および観察例から、奄美群島におけるゴマダラカミキリの発生は成虫の羽化が4月下旬から始まり5月中に発生のピークを迎えると考えられていたが、その発生がいつ頃まで継続するかは明らかではなかった。喜界島においてはバイオリサの施用のために訪れた5月1日に羽化が始まり、バイオリサの施用時期としては理想的であった。また、羽化脱出の消長を調査した結果、5月中下旬までの羽化が全体の70%を超え、その後の羽化は激減することが確認された。このことから喜界島におけるゴマダラカミキリ類の羽化は5月上中旬に集中し、その後も6月いっぱいまで羽化は継続するもののその数は非常に少なく、7月以降はほとんど羽化しないことが確認された。奄美群島におけるゴマダラカミキリ類は8月から9月まで、年度によっては10月にも成虫が観察される場合もあるが、これらの個体は5～6月に羽化した成虫がそのまま生

き残っているものであると考えられる。バイオリサを施用した大朝戸・西目地区においては、7月にはゴマダラカミキリの成虫が観察されなくなった。このことは、バイオリサの施用によって成虫の個体数が少なくなったことが影響していると考えられる。

ゴマダラカミキリ類は飛翔能力が高いため、隣接するカンキツ園同士あるいは周辺環境との間を頻繁かつ広域に移動していると考えられる。ゴマダラカミキリの飛翔能力について、大分県では5日間で2.4km移動した例が確認されている（九州農業試験研究推進会議 1994）。ただし、大部分の個体は園地間の400m程度の移動にとどまっていると考えられている。大朝戸・西目地区でのバイオリサの広域施用では、バイオリサの施用範囲はおよそ500m四方の約25haに及んでいる。また、近隣の集落とは1km以上は離れており、その間はサトウキビ圃場あるいは雑木林であったため、施用区は隔離された環境でもあったと考えられる。このため、非施用区からの飛び込み個体は少なかったと考えられる。小面積圃場でのバイオリサの施用は、周辺圃場からの移入があるために効果はほとんど期待できない。また、大面積で施用した場合でも隣接圃場があれば、そこから健全個体が移入するために期待した効果を得ることは困難になる。このため、バイオリサの施用についてはできるだけ広域に施用することが推奨されている。研究開発段階では1ha以上を広域施用と定義して九州各県で試験が行われた。これらの試験の中で最も面積が広かった例は鹿児島県垂水市本城で、その規模は8haである（九州農業試験研究推進会議 1994）。大朝戸・西目地区の広域施用は約3倍の規模になる。

本研究において広域施用区内のゴマダラカミキリ類が7月にはまったく観察されなくなったこと、6月下旬以降の羽化脱出が非常に少なかったことを考慮すると、施用区内に生息していたゴマダラカミキリ類は7月の調査までにほとんどの個体が感染死亡したと考えられる。また、周辺地域からの健全個体の移入もほとんどなかったと考えられる。

大朝戸・西目においてはゴマダラカミキリ類の羽化脱出が短期間に集中したこと、区域内のすべてのカンキツ樹にバイオリサを施用することができたこと、施用区が隔離された環境で周辺からの移入がほとんどなかったことが顕著な効果が得られた要因として考えられる。

区域内のすべてのカンキツ樹にバイオリサを施用することができたことについては、地元の皆さんの協力を抜いては語れない。各家庭の庭先に植えてあるカンキツはもちろんのこと、藪の中に隠れてしまっていた木を探し当ててまでバイオリサを施用することは、筆者だけでは到底できない。

　大朝戸・西目地区において顕著な防除効果が得られたことで、喜界島においてはさらに規模を拡大して2015年度から2019年まで5年間にわたって島全体のカンキツ全樹にバイオリサを施用する事業が始まった。喜界島全体のカンキツは約4.8万本と推定されている。喜界島の面積は56.93km^{2}に及び、これまでの広域施用の最大であった25haの約227倍に達する。何よりも島全体に及ぶ大規模な取り組みは世界でも類を見ない。

　喜界島には在来カンキツとして喜界島特産のケラジミカン *Citrus keraji* やキカイミカン、クネンボ *Citrus nobilis*、などの"島ミカン"が植栽されている。これらの中にはいまだに特性が解明されていない"島ミカン"もあるものと考えられているが、ゴマダラカミキリの被害を放置していれば、これらの"島ミカン"が人知れず消えていくことも懸念された。バイオリサは"島ミカン"を守るという点でも貢献している。

7　徳之島におけるバイオリサの施用

　喜界島での顕著な成功に気を良くして、2014年からは徳之島においてもバイオリサの広域施用試験を開始した。試験地として徳之島町の手々地区の約20haにおいて広域施用を実施した。手々地区は徳之島の北端部に位置しており、他地区とは隔離された環境であることから試験地として設定した。徳之島においてバイオリサを広域施用するに当たっては、毒蛇ハブの存在を考慮する必要がある。喜界島および徳之島においては、カンキツの経済栽培園および庭先の自家用栽培カンキツ樹以外に、高齢化による放置園や過疎化に伴う空家が少なからず存在する。このような状況のカンキツ樹は、雑草などが生い茂り部外者にはその存在さえ把握できない。喜界島においては地区住民の皆さんが持ち主不明のカンキツ樹の存在を把握されていたことに加え、雑草の茂みや藪の中にも平気で立ち入ることができたため、地区内に存在するカンキツ樹のすべ

てにバイオリサを施用することが可能であった。一方、徳之島においては、たとえ存在が把握されていてもハブの存在を考慮すると雑草の茂みに立ち入ることは困難となる。手々地区の広域施用においても地元の皆さんの協力を得てバイオリサを施用したが、カンキツ樹の存在を確認していても施用を断念した例が少なからずあった。このように、徳之島におけるバイオリサの効果は喜界島ほどにはすぐに現れないと考えている。ところが、表2にあるように徳之島町におけるゴマダラカミキリ類成虫の買い取り数は2015年から減少している。手々地区における広域施用の試験は2014年から開始しているが、手々地区における買い取り数は100頭から200頭程度の規模で徳之島町全体に占める割合はごくわずかで影響はない。徳之島町では町の助成によって2015年から33,000本のバイオリサを施用している。買い取り数の減少はこちらの効果によるものだと考えられる。

8　バイオリサの生態系への影響

　前述した通り、バイオリサは天敵糸状菌 *Beauveria brongniartii* の数多い菌株の中で、特にゴマダラカミキリ類とキボシカミキリに対して病原性が強い菌株を基にしている。少なくともカミキリムシ以外の昆虫に対する影響はなく、もちろん人や家畜などの動物、野生動物に対する影響もない。バイオリサの安全性について分かりやすい例を挙げると、徳之島では松（主にリュウキュウマツ）を加害するマツノマダラカミキリ *Monochamus alternatus* が大発生しており、線虫との共同作用によって松が次々に枯れているが、バイオリサに使用されている菌株はマツノマダラカミキリに対する病原性はほとんどないのでバイオリサを利用して防除することはできない。マツノマダラカミキリに対しては *Beauveria bassiana* の1菌株から開発された『バイオリサ・マダラ（出光興産株式会社）』が販売されている。

　このように、バイオリサは特異性が高く、カミキリムシの中でも病原性がある種とない種に分かれるが、南西諸島に生息するすべてのカミキリムシに対する病原性が確認されている訳ではない。バイオリサが感染するカミキリムシが存在する可能性は否定できない。ただし、バイオリサはカンキツの幹に設置し

て、その上を歩いた場合に感染する場合がほとんどあることを考慮すれば、ほかのカミキリムシに感染する可能性は限りなく低いと考えられる。

引用文献

柏尾具俊・氏家 武（1988）キボシカミキリ由来の天敵糸状菌 *Beauveria tenella* のゴマダラカミキリに対する病原性と殺虫効果．九州病害虫研究会報 34：190-193

Keena MA（2005）Pourable artificial diet for rearing *Anoplophora glabripennis* (Coleoptera: Cerambycidae) and methods to optimize larval survival and synchronize development. Annals of Entomological Society of America 98(4): 536-547

小島圭三・中村慎吾（1986）日本産カミキリムシ食樹総目録．336 pp. 比婆科学教育振興会，広島

九州農業試験研究推進会議（1994）地域特産果樹のカミキリムシ類に対する昆虫病原糸状菌による生物的防除法の確立．九州地域重要新技術研究成果 No. 22, 1-97

橋元祥一・柏尾具俊・堤 隆文・行徳 裕・甲斐一平（1992）*Beauveria brongniaritii* によるゴマダラカミキリの防除の可能性．植物防疫 46（2）：12-16

林 匡夫・森本 桂・木元新作（1984）原色日本甲虫図鑑（Ⅳ）．438 pp. 保育社，大阪

三宅正隆（2015）喜界島のゴマダラカミキリ類の成虫発生消長と昆虫病原糸状菌製剤の広域施用による防除効果の確認．鹿児島大学大学院農学研究科修士論文，1-72

中根猛彦・大林一夫・野村 鎮・黒沢良彦（1973）原色昆虫大図鑑 第2巻．443 pp. 北隆館，東京

日本鞘翅目学会編（1984）日本産カミキリ大図鑑．565 pp. 講談社，東京

大林延夫・新里達也（2007）日本産カミキリムシ．830 pp. 東海大学出版会，東京

大林延夫・佐藤正孝・小島圭三（1992）日本産カミキリムシ検索図説．696pp. 東海大学出版会，東京

第3章

外来生物としてのサツマイモの特殊害虫 アリモドキゾウムシとイモゾウムシ
―生態と防除に関する最近の研究―

栗和田　隆

はじめに

奄美空港や那覇空港に降り立つと、サツマイモ *Ipomoea batatas* の持ち出し禁止を呼びかける目立つ看板に気づく人も多いだろう。アリモドキゾウ

図1　交尾するアリモドキゾウムシ（左）とイモゾウムシ（右）（熊野了州撮影）。いずれも背中に乗っている個体がオス

ムシ *Cylas formicarius* とイモゾウムシ *Euscepes postfasciatus*（図1）のまん延を防ぐために農水省植物防疫所が作成したものだ。近くにはパンフレットも置いてあるので、ぜひ手にとって見て欲しい（図2）。これらの昆虫は特殊病害虫というカテゴリーに指定され、分布域から非分布域への人為的移動が厳しく制限されている国外外来種である。本章では、このサツマイモの大害虫であるゾウムシ2種について筆者らの研究を中心に紹介していきたい。なお、ゾウムシの仲間は世界で約6万種が記載されており、日本国内だけでも1000種余りが知られているが、本章では断りなくゾウムシ類と記述した場合はこの2種のことを指すことにする。

図2　奄美空港においてあるパンフレット

1　特殊病害虫とは

　特殊病害虫とは生息地から非生息地への生体や餌となる寄主植物の移動が制限される病害虫のことである。この規制は、農作物への被害が甚大であり、かつ防除困難な害虫が国内にまん延することを防ぐことが狙いである。日本では、サツマイモの特殊害虫としてアリモドキゾウムシやイモゾウムシ、サツマイモノメイガ *Omphisa anastomosalis* が指定されている。ほかにもカンキツ類の特殊病害虫として、カンキツグリーニング病の原因である細菌とその媒介者であるミカンキジラミ *Diaphorina citri* が挙げられる（第8章参照）。これら特殊病害虫の生息域から生鮮な寄主作物を出荷できるようにするためには、対象種を根絶させる以外の手段はない。ウリミバエ *Bactrocera cucurbitae* やミカンコミバエ *Bactrocera dorsalis* もかつて南西諸島広域で猛威を振るった果菜類の特殊害虫であるが、約20年の歳月と約250億円の予算を割いて根絶が達成された（ミカンコミバエについては第1章参照）。この成果を得て新鮮な野菜や果実をほかの地域に出荷できるようになり、根絶のコストを補って余りある経済的利益を受けられるようになったのである。

　しかし、たとえ害虫であっても在来種である限り生息地からすべての個体を根絶させることは、倫理的にも生態系サービスの受益の観点からみても現代では許されないだろう。一方で、本来その場所に生息していなかった外来生物であれば根絶することは正当化できると考えられる（後述するように、単純にそうではない場合もある）。根絶から期待される経済的利益のために、国外外来種であったウリミバエやミカンコミバエは根絶され、現在はサツマイモの外来害虫たちの根絶プロジェクトも鹿児島県と沖縄県で進められている。

2　侵入経路

　アリモドキゾウムシに関しては、1903年の時点ですでにサツマイモの害虫として沖縄県の農家に認知されていたことが示されている（名和 1903）。イモゾウムシは1947年に沖縄県勝連半島で最初に確認されている（安里 1950）。

いずれも沖縄本島で最初に発見され、徐々に北へと分布域を広げており、現在はアリモドキゾウムシが北緯30度以南（口之島以南）まで、イモゾウムシは北緯28度40分以南（奄美大島以南）まで分布している（図3）。また、これより北で本種らの存在が確認された場合、分布拡大を防ぐために徹底的な防除が行われ、できるだけ速やかに確認地区周辺の根絶を目指すことになる（緊急防除）。イモゾウムシでは1997年に屋久島で発生が確認されており、2008年には鹿児島県本土の指宿市でも発生したが、いずれも数年がかりで根絶を達成した（末吉 2004；農林水産省門司植物防疫所 2012）。アリモドキゾウムシも鹿児島県本土や高知県にまで散発的に現れ、その都度緊急防除が行われた（西岡ほか 2000；藤本ほか 2000）。こういった広域での移動は自力ではなく、ゾウムシ類の入ったサツマイモを人間が持ち込んだためと考えられる。サツマイモの移動が禁止されていることを知らずに持ち出す悪意のないケースがほとんどだろうが、知っていながら無視して持ち出そうとする人もいるらしい。なぜサツマイモのようなどこでも安価に入手できる作物をそこまでして持ち出すのかはまだわかっていない。

これらゾウムシ類の国

図3　アリモドキゾウムシ（a）とイモゾウムシ（b）の侵入年代
（沖縄県病害虫防除技術センター作成）

外からの侵入経路はまだ確実にはわかっていないが、アリモドキゾウムシでは地質学的証拠と分子系統学的証拠により、ある程度推測されている（Wolfe 1991; Kawamura et al. 2007）。それらによるとアリモドキゾウムシの原産国はインドであり、サツマイモがインドに移入されるまではグンバイヒルガオ *Ipomoea pes-caprae* やノアサガオ *Ipomoea indica* などのヒルガオ科植物を寄主としていたと推察されている（杉本・瀬戸口 2008）。その後、作物としてサツマイモが移入されるとそれを寄主とするようになり、イモの流通とともに人為的に急速に分布を拡大し、西南アジアにまで広まっていったと推測される（Kawamura et al. 2007）。国内には台湾を経由して沖縄県へ侵入したという通説はあるが、いまだ実証はされていない。

一方、イモゾウムシに関する情報は少ないが、南米もしくはカリブ海域の島嶼が起源と考えられている（杉本 2000）。これらの地域はサツマイモの原産国であり、早くから害虫化していたことが示唆される。日本へは戦後、引き揚げ者が携行していたサツマイモや米軍の物資に混入して侵入してきたものと思われる（小濱 1990）。いずれにせよ、両ゾウムシ類で広範囲の生息地を網羅的に押さえた大規模な系統地理学的解析が行われれば、より詳細な侵入過程や侵入年代を推定できるようになるだろう。

3　ゾウムシ類の生態と被害

3-1　ゾウムシ類の生態

アリモドキゾウムシやイモゾウムシは両種ともに似通った生活史を送っている（図4）。主な共通点を挙げると、成虫はサツマイモやノアサガオなどのヒルガオ科植物を食害しつつ、地際部の木質化した茎や塊根（イモ部分）に産卵する。ただし、本種らは自力では深い穴を掘れないので、イモ部分に産卵できるのは地割れなどで塊根が露出した時に限られる。孵化した幼虫は寄主植物内部を食い進み成長し蛹化する。羽化後数日間は寄主内部にとどまり、その後寄主植物から脱出し分散していく。気温25℃程度の条件では、卵から脱出までアリモドキゾウムシでおよそ40日程度、イモゾウムシで45〜50日程度かかる。成虫の寿命は長く、数カ月間は産卵を続けるが、1日あたりの産卵数は少

図4 アリモドキゾウムシとイモゾウムシの生活史の模式図（沖縄県病害虫防除技術センター作成）。本来は一卵ずつ産むない（アリモドキゾウムシで1～3卵、イモゾウムシで3～5卵）。

このように、両種の生活史は酷似しているが大きな違いもある。飛翔能力と性フェロモンの有無である。アリモドキゾウムシの、特にオスは夕刻になると活発に飛翔し、時には2km離れた離島にも到達できる（Miyatake et al. 1997）。一方、イモゾウムシは後翅があるものの飛翔筋が発達せず飛翔能力は全くない。また、アリモドキゾウムシはメスが空気中に性フェロモンを放出しオスを惹きつける（Janssen et al. 1992）が、イモゾウムシにはそのような遠距離の異性を誘引する性フェロモンは発見されていない（ただし、メスの体表面にコンタクトフェロモンが存在し、触れたオスに交尾行動を誘発させることが示唆されている）。このようにイモゾウムシは自力ではそれほど移動分散できず配偶相手の位置を知るための性フェロモンもないため、広い野外でどのように交尾相手と出会っているのかは不明である。それにも関わらず、沖縄県久米島での調査によるとイモゾウムシは島全体に広く分布している一方で、アリモドキゾウムシの分布は局所的であった（大野ほか 2006）。なぜこのような分布様式になっているのかはいまだ解決していない謎である。

分散能力の低さゆえに、イモゾウムシは狭い生息地内で近親交配によって繁殖している可能性がある。一般に近親交配を行うと子に悪影響が見られること

が多い（近交弱勢）。これは近親交配によって有害な劣性遺伝子がホモ接合になりやすく、有害効果が発現するためである。しかし、近親交配を何世代も続けていると有害遺伝子を持つ個体が淘汰されていくことで近交弱勢が消失することもある。そこでイモゾウムシの近交弱勢を室内実験で調べてみると、非血縁者同士の両親から生まれた子に比べ、血縁者同士の両親（両親が同じである雌雄同士）から生まれた子は体サイズが約6%減少した程度で、生存率や発育速度には悪影響は見られなかった（Kuriwada et al. 2011a）。近交弱勢が弱いのならば、血縁者との交尾は自分の遺伝子を次世代に伝える上で効率が良いと考えられる（Kokko & Ots 2006）。なぜなら血縁者は祖先が同じであるため、同一の遺伝子を持つ確率が非血縁者よりも高

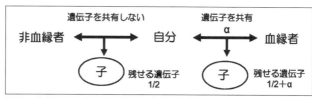

図5　非血縁者と交尾した場合と血縁者と交尾した場合の遺伝子伝搬効率の模式図

いからである（図5）。そこで、血縁者と非血縁者同士のペアでどちらが交尾しやすいかを調べた。その結果、血縁者同士のペアの方が交尾しやすく、また交尾時のメスの抵抗も少ないことがわかった（Kuriwada et al. 2011a）。この研究から、イモゾウムシは野外でも血縁者同士で交尾し繁殖できることが示唆された。これなら交尾済みのメスが一頭でも侵入すれば増殖できる可能性がある。イモゾウムシの防除が厄介な点はそこにあるだろう。なお、アリモドキゾウムシでも同様の可能性を検討したが、近交弱勢が比較的大きく、近親交配を避けていることがわかった（Kuriwada et al. 2010a, 2011b）。これは両種の移動分散能力の違いに起因しているのかもしれない。すなわち、アリモドキゾウムシは移動能力が高く近親交配をする機会が少ないため有害遺伝子が淘汰されておらず、強い近交弱勢とそれに伴う近親交配の回避行動が維持されているのだろう。

　さて、両種には分散能力と性フェロモンの有無という観点からは大きな違いがあるものの、ヒルガオ科植物を成虫・幼虫ともに食害することは共通している。では、両種が存在している場合には共通の餌資源を巡って種間競争が生じていると考えるのは生態学の常道だろう。種間競争に影響すると思われる産卵速度はイモゾウムシの方がやや上だが、発育速度はアリモドキゾウムシの方が

速い。結局どちらが種間競争に強いのか知りたくなったので調べてみることにした。様々な密度と種の混合割合で飼育し次世代数を測定することで、種間競争と種内競争によって受ける影響を分離し定量化した。その結果、アリモドキゾウムシは種内競争によって大きく負の影響を受け、イモゾウムシは種間競争によって大きく負の影響を受けることがわかった（Kuriwada et al. 2013a）。つまり、種間競争に関してはアリモドキゾウムシの方が強く、同種が高密度になった環境にはイモゾウムシの方が耐性を持つことが示された。したがって、アリモドキゾウムシは高密度となった場合には劣化した生息場所を移動し、移動先にイモゾウムシが先住していても競争に打ち勝つことができると考えられる。一方で、イモゾウムシは同じ場所でかなり長い期間、個体群を維持できるのだろう。こういった生態の違いが両者の分布の相違をもたらしているのかもしれない。

3-2 ゾウムシ類による被害

　これらのゾウムシ類が特殊害虫というカテゴリーに分類され根絶事業が行われているのは、その被害水準の高さにある。サツマイモはゾウムシ類に加害されるとイポメアマロンやクマリンといった生理活性物質を生産するようになる（口絵参照：瓜谷 2001）。これらは特有の臭いと強い苦味を持つだけでなく哺乳類に対して毒性を持つ（牛のような大型哺乳類でも死亡例がある：石井 2007）。そのため、直接の食材としてだけでなく菓子や焼酎の原料、家畜の飼料としても利用できなくなる。したがって、被害許容水準は極めて低く設定せざるを得ない。また、これらのゾウムシ類は卵から羽化までは寄主植物内部で生活するため、殺虫剤による防除が行い難いという特徴がある。また、分布拡大を防ぐための移動規制そのものも作物の流通を妨げる点で経済的被害をもたらすことになる。

4　根絶方法と現在の状況

4-1 不妊虫放飼法

　ゾウムシ類の根絶には不妊虫放飼法と呼ばれる害虫防除法が適用されてい

る。この方法は大量に増殖させた害虫を放射線や薬品、微生物などで不妊化し野外に放飼するという方法である。大量とは、対象面積にもよるが毎週数万から数百万頭を生産するというレベルである。ここでいう不妊化とは、受精までは通常通り行われるが、それ以降のある段階で発生が止まり、受精卵が死んでしまうような精子を作るオスにすることである。野外に放たれた不妊オスは野生のメスと交尾し永遠に孵化しない卵を野生メスに産ませることになる。野外へ継続的に不妊オスを放飼することで、不妊オス／野生オス比が急速に大きくなっていき、やがて野生の個体群が絶滅するというものだ。防除が進めば進むほど加速度的に効果が上がるため、一定規模以上の面積に対応できる唯一の害虫根絶手段と評されている。この手法はKnipling（1955）によって考案され、フロリダのキュラソー島での家畜の害虫ラセンウジバエ *Cochliomyia hominivorax* に始まり、日本のウリミバエなどいくつかの根絶事業を成功に導いている（伊藤 2008）。

　不妊虫放飼法を成功させるためには、害虫の大量増殖と質の維持管理、虫体に大きな害を与えずに行える不妊化技術の開発、防除効果を検証するためのモニタリング手法が重要なポイントである。ここではこれらの技術について詳細な解説を行わずに、次の節で近年の研究成果についてトピック的に取り上げることにする。より詳細な内容は、アリモドキゾウムシに関しては栗和田（2013; 2015）、イモゾウムシに関しては熊野（2014, 2015）を参照して頂きたい。また、アリモドキゾウムシの防除の実際については鹿児島県の取り組みとして杉本・瀬戸口（2008）、沖縄県の取り組みとして小濱・久場（2008）によって解説されている。これらは鹿児島県や沖縄県の試験研究機関で行われた膨大な先行研究も紹介している。イモゾウムシに関しては大野ほか（2006）に簡単な解説がある。不妊虫放飼法そのものについては伊藤・垣花（1998）が初学者向けの解説書であり、伊藤編（2008）はより専門的な内容である。

4-2　ゾウムシ類の不妊虫放飼法に関わる最近の研究成果

4-2-1　分割照射

　不妊虫放飼法では、いかに虫体に害がなく確実に不妊化させるかが根幹の課題である。ゾウムシ類に関しては放射線（γ線）を照射することで不妊化させ

ている。アリモドキゾウムシの場合200Gy（グレイと読み、どれだけ放射線エネルギーが体に吸収されたかの単位）、イモゾウムシの場合は150Gyの線量を照射することで完全に不妊化される。人体には5Gy程度で致死作用がある放射線を150〜200Gy浴びても耐えられるのはどうしてだろうか。一般に昆虫の方が哺乳類よりも放射線に対する耐性が強いことが知られているが、詳細なメカニズムは不明である。ヨトウガの一種 *Spodoptera frugiperda* の培養細胞を用いた研究では、哺乳類の細胞と比べて放射線による活性酸素生成を抑制できることとDNA修復機能が高いことが、放射線耐性の強さと関係があると示唆されている（Cheng et al. 2009）。また、ゾウムシ類では放射線照射によって中腸の上皮細胞がダメージを受けるため、栄養吸収が妨げられ行動活性が徐々に低下していくことがわかっている（桜井 2000）。

　放射線照射量が不足すると十分な不妊化が行えず、過剰だと不妊オスがまともに交尾できなかったりすぐに死んでしまったりするため、適切な照射量の見極めが重要である。アリモドキゾウムシ、イモゾウムシともに、完全に次世代が残せないほどの放射線量を照射されたオスは非照射のオスと同等の交尾・受精能力を6日程度しか維持できない（Kumano et al. 2008, 2009）。ゾウムシ類の寿命は数カ月あるので、毎週大量に放飼しない限り不妊虫の大きな効力は期待できない。そこで、防除初期の個体群密度が高い時期には照射量を下げて不完全な不妊化だが交尾能力は長く維持できるオスを放飼し、防除後期になり野生個体群の密度が下がれば完全な不妊化オスを放飼するという戦略を鹿児島県喜界島などでは採用している（鈴木・宮井 2000；Kumano et al. 2010a, b）。

　Kumano et al.（2011a, b）はガンの放射線治療をヒントに、不妊化する際に放射線を一度に照射するのではなく分割して照射することで虫体への害が低減できるのではないかと考えた。例えば、先に述べたようにイモゾウムシでは150Gyの放射線を照射すると完全な不妊虫になるが、正常な交尾可能期間は約6日である。これを75Gyずつ間に48時間おいて2回に分けて照射すると、完全な不妊化を成し遂げた上で正常な交尾可能期間が2倍の12日に延びたのである（Kumano et al. 2011b）。さらに、照射の間の48時間はイモゾウムシを低温（15℃）で飼育することで交尾可能期間はさらに3倍の18日まで延長させることができた（Kumano et al. 2012）。ゾウムシ類は繁殖力が低く大量増殖

に不向きな性質を持つが、この分割照射によってその欠点が補えると考えられる。同様にアリモドキゾウムシでも分割照射の有効性が実証され（Kumano et al. 2011a)、現在、沖縄県ではこの分割照射法が事業に取り入れられている。

　そもそも、なぜ分割照射すると虫体への害が減るのだろうか？　これには DNA の修復機構が関わっている。DNA には自己修復機能があり、軽微なダメージは修復できるのだ。したがって、一回あたりの線量を低くすることで体細胞に加えられるダメージを最小限に抑えられるのだろう。ガンに対する放射線治療もこの理由から分割照射が行われている。ただし、DNA 修復機構の詳細なメカニズムについてはいまだ不明である。

4-2-2　イモゾウムシと細胞内共生細菌

　沖縄県で不妊虫放飼法に関わる任期付研究員として過ごしていた筆者は、昆虫と共生微生物の相互作用を研究されている細川貴弘さんからゾウムシ類に共生微生物がいるかどうか調べたいという連絡を受けた。そこで、アリモドキゾウムシとイモゾウムシを送り調べてもらったところ、イモゾウムシから *Nardonella* というゾウムシ属に広く見られる細胞内共生細菌が発見された（Hosokawa & Fukatsu 2010）。ちなみに、アリモドキゾウムシからはめぼしい共生細菌は見つからなかった。当時 *Nardonella* はゾウムシによく見られるということまではわかっていたが、その細菌が宿主にどのような影響を与えているのかは不明だった。というのは、ゾウムシは一般に飼育・繁殖が難しかったり成長期間が長すぎたりと、実験に不向きだったためである。しかし、イモゾウムシは不妊虫放飼法のために大量増殖が行われており、人工飼料もすでに開発されていた（図6：Simoji & Kohama 1996、榊原 2000、浦崎ほか 2009)。そこで、イモゾウムシを対象に *Nardonella* の機能を解

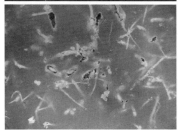

図6　イモゾウムシ幼虫用の人工飼料をシャーレに注いだもの。下の写真は人工飼料中で蛹化したイモゾウムシ

明する共同研究を行った。

　共生細菌の機能を知るには、細菌のいる個体といない個体とで成長や繁殖を比較するのが定石である。そこでまず、抗生物質を人工飼料に添加して細菌が除去できるかを調べた。その結果、リファンピシンを重量比で0.003%餌に添加するとイモゾウムシの体内から *Nardonella* を除去できることがわかった（Kuriwada et al. 2010b）。しかし、抗生物質自体の影響も考えられるので、その効果を除去したい。*Nardonella* は母親から子へ卵を通して直接伝えられる垂直伝搬という伝播様式である。したがって、*Nardonella* を除去された母親からは *Nardonella* を持たない子が生まれる。そこで、*Nardonella* を除去されたメスと通常のメスそれぞれをサツマイモに産卵させ、子の成長と繁殖を比較することで抗生物質に曝されていない個体同士の比較も行った。これらの実験から、*Nardonella* がいなくても生存率には影響しないが、体サイズが小さくなり成虫になるまでの期間も長くなることがわかった（Kuriwada et al. 2010b）。これは *Nardonella* がイモゾウムシの生死には直結しないが、成長を促進している相利共生細菌であることを示す。また定量的な検証はしていないが、*Nardonella* の不在下では体表のクチクラ層の色が薄くなり柔らかくなることも示唆された。これにより野外では気温や湿度の変化、捕食による影響を受けやすくなるかもしれない。

　ここまでは共生微生物と宿主との関係を解き明かすという基礎科学的な研究である。不妊虫放飼法に役立つ点は、人工飼料に腐敗防止として抗生物質を添加する際は気をつけようという示唆が得られた程度だと思っていた。しかし、思わぬところからこの研究が役に立った。イモゾウムシの成長を少しでも増進させるために、飼育温度を従来の25℃から27℃に引き上げたところ、ゾウムシの体色の薄化や体長の小型化が見られるようになった（沖縄県農林水産部 2013）。たった2℃だが、大きな飼育部屋全体が等しい温度になるわけではなく局所的にはもう少し高温になっていたのかもしれない。この小型化は高温による *Nardonella* の死亡が原因と思われ、ただちに以前の飼育温度に戻すことになった。このように昆虫の大量増殖には体内の細菌叢の管理といったことまで考慮に入れなければならないということが示唆されたのだ。この例ではささやかな貢献だが、共生微生物と昆虫との相互作用という基礎的な研究が大量増殖

4-2-3　アリモドキゾウムシの体色多型によるマーキング

　不妊虫放飼法によってどの地域でどれだけ個体群密度が低くなっているのかを定期的に評価することは大事な作業である。うまくいっていない地域には集中的に不妊虫を撒いたり新たな対策を立てたりといったように、臨機応変に対応する必要があるからだ。そのためには野生虫の個体数を把握しなければならない。しかし、不妊虫を放飼しているので野生虫に混じって捕獲されてしまい、両者が区別できない問題がある。そこで粉末色素やDNA多型といった様々な識別法が提案されているが、ゾウムシ類ではいずれも問題がある。ウリミバエの根絶時にマーキングがそれほど問題にならなかったのは、ウリミバエ特有の形態のためだった。ウリミバエは土中で蛹になり、羽化時には頭部の前額嚢という袋を膨らませて土をかき分けて脱出する。前額嚢は脱出後に頭部にしっかりと折りたたまれる。そのため、蛍光色素粉末を蛹に塗布すると羽化時に前額嚢とともに埋没し、入れ墨と同様に半永久的なマークとなり、剥離の心配がなくなるのだ。一方でゾウムシ類にはそのような形質がなく、特にアリモドキゾウムシは体表が滑らかで粉末色素が付着しにくい欠点がある。不妊虫のマークが剥離すると野生虫と区別できなくなり、野生虫数の過大評価につながる。アリモドキゾウムシはフェロモントラップを用いて採集するため、不妊虫と野生虫がある程度の期間トラップ内で同居することになる。そのため、剥離した色素が野生虫に付着して不妊虫とみなされることで野生虫数の過小評価も生じ得る。しかし毎週数千から数万頭を放飼するので、すべての個体に丁寧にマーキングすることなどとてもできない。DNA多型を用いたマーキングでは剥離の心配はないが、やはり検出に手間と費用がかかるため、トラップにかかったすべての個体を調べるのは現実的ではない。防除初期であれば多少の過大評価や過小評価は問題ではないが、防除後期の根絶確認を行う時期には一頭のミスも許されない。そのため確実なマーキング法の開発が期待されている。

　そこで考えられたのが体色多型を基にしたマーキングである。アリモドキゾウムシの鞘翅には青色、緑色、褐色の3タイプがあり（口絵参照）、前二者は日本では普通に分布しているが、褐色に関しては八重山諸島の一部にだけごく低

頻度（<1%）で分布しているだけである（Kawamura et al. 2009）。そこで、褐色の個体だけを不妊虫として用いればマーク脱落の心配はなく検出も容易である（体色なので見ればわかる）。その中で、体色の判定が微妙な個体のみDNA多型で判定すれば手間と費用を大幅に節約できる。体色は遺伝することがわかっているので褐色個体だけの系統を作ることは期待できる（Kawamura et al. 2005）。

　まず、沖縄県与那国島で採集された褐色個体を交配させることで系統を固定することに成功した（城本ほか 2012）。週25万頭の大量生産も可能となった（2016年11月現在）。あとは野生虫と比較して十分な交尾・受精能力と移動分散能力を持つことが分かれば不妊虫として活用できる。ただし色彩に基づいた配偶者への選り好みがあるかどうかも重要なチェックポイントである（青色メスは青色オスと交尾しやすいなど）。そこで室内実験で各色彩型のオスとメスをペアで同居させて交尾能力や精子移送能力を調べたところ、色彩間に有意な違いはなく、色彩型に対する雌雄それぞれの選り好みも見られなかった（Shiromoto et al. 2011）。次に、マーキングした各色彩型のオスを野外に放飼し様々な距離に設置したフェロモントラップで再捕獲することで色彩型による移動分散能力の違いを検証した。その結果、ここでも色彩間で有意な違いはなく同じような分散能力を持つことがわかった（城本ほか 2012）。これらの研究から、褐色系統を不妊虫として問題なく使用できることがわかり、現在、沖縄県では根絶事業に取り入れられている。

　色彩多型がなぜ維持されているのかは今のところ不明であるが、何らかの適応的意義が存在する可能性もある。例えば、野外では体温調節や捕食回避に色彩多型が関与するのかもしれない。その場合、思わぬところから褐色系統の弱点（あるいは利点）が見つかる可能性もある。色彩多型の維持機構の解明という基礎科学的な研究が不妊虫放飼法という応用分野に役立つ可能性がある。

4-3　アリモドキゾウムシの防除の現状

　先に述べたように、アリモドキゾウムシはメスが性フェロモンを分泌しオスを誘引する。この性フェロモンは人工的に合成できるためトラップにも利用できる。合成した性フェロモンと殺虫剤を設置したトラップを用いることでオスを効率的に誘引・殺虫することができる（図7）。これをオス除去法と呼び、

不妊虫放飼法を行う前の防除初期段階で、野生のオス密度を低下させるために使用されることが多い。また、このフェロモントラップは防除の効果がどれほどあがったのかを推定するためのモニタリ

図7　アリモドキゾウムシ用のフェロモントラップ（左）。性フェロモンを吸着したゴムと殺虫剤が設置してあり、誘引されたオスはトラップ内で死亡する（右）

ングにも利用できる。この点でアリモドキゾウムシはイモゾウムシと比べ防除の難易度が相対的に低いと期待される。実際に、沖縄県の久米島で行われた根絶事業では、2013年にアリモドキゾウムシの根絶がめでたく達成された。しかし、イモゾウムシと比べて容易とはいえ、今まで成功例があるミバエなどの双翅目に比べると、アリモドキゾウムシは一日に1～3卵しか産まず、成長期間も長く移動分散能力も低い昆虫である。繁殖能力が低いということは不妊オスの大量増殖が困難だということであり、移動能力が低いと放飼してもその場から広がりにくいことを意味する。このような不妊虫放飼法には向かない性質を持った甲虫類で、一定規模の面積（約60km^2）での根絶事業の成功は世界初である（松山 2014）。久米島での根絶事業はアリモドキゾウムシの根絶に関して多くの知識と経験を生み出した。これらを基にすればより広域の防除も可能であると期待したい。

　事業過程で得られた知識の例として、アリモドキゾウムシは根絶目前になってからが厄介な虫だというものがある（小濱・久場 2008）。それがわかったのは久米島で2002年に行われた最初の駆除確認調査のときである。駆除確認調査では植物防疫法に基づいて対象害虫が根絶されたか否かを国が確認し、根絶の成否が行政的に決定される。しかし、駆除確認調査中に山間部の森林地帯に点在するノアサガオ群落に少数個体が残存することがわかり、駆除確認は終了した。また2010年に再度行われた駆除確認調査でも、山間部のごく一部に検出しそこなっていた個体群を発見するのと同時に、島外からの寄生イモの持ち

込みによる再侵入個体の存在が確認された。その後、山間部全域の寄主植物群落で徹底的な調査・防除を行い、同時にサツマイモ生果の島外からの持ち込み防止に向けた啓発活動に取り組むことになった。その後2013年4月に3度目の駆除確認調査が行われ、ようやく根絶が確認された。このような経験から、根絶事業では畑以外にも野生寄主群落を含めた徹底的な調査と、現地住民に関する普及啓発活動が重要な役割を果たすことがわかった。

4-4 イモゾウムシ防除の現状

イモゾウムシは遠距離から誘引できる性フェロモンなどが見つかっておらず、効率的な採集方法がないため、寄主植物の調査とライトトラップによって個体群の抑圧とモニタリングを行うことになる。グンバイヒルガオやノアサガオといった野生寄主のツルを採集し裂くことで、中に潜んでいる幼虫や蛹を検出できる。多量のツルを採集することで、モニタリングだけでなく個体群密度の抑圧も兼ねることができるが、その場合は数千m単位の採集が必要となる。本種は寄主の匂いに集まるため、サツマイモ自体をトラップにするイモトラップという手法もある（安田1995）。しかし、生のイモを用いるため短期間で劣化する欠点があり、また周囲に寄主植物があると効果が著しく低減してしまう（Kinjo et al. 1995）。

イモゾウムシは多くの昆虫と同様に正の走行性を持つため、ライトトラップで誘引できる。初期は様々な試行錯誤の結果作成された緑色ライトのトラップを使用していた（図8：仲本・澤岻 2001, 2002; Nakamoto & Kuba 2004）。その後、紫外線LEDを用いたトラップがより強い誘引効果を持つことがわかり、現在ではそちらが使用されている（Katsuki et al. 2012）。しかし、本種は地表徘徊性の昆虫であり飛翔能力もないため、トラップは地表面に設置せざるを得ない。そのため、植物が繁茂し

図8 イモゾウムシ用ライトトラップ。一度入ったゾウムシが脱出できない構造になっている

た場所や地形が複雑な場所では光が遠くまで届かず、遠距離から効率的に誘引できるわけではない。おそらくこの野生個体の採集効率の悪さがイモゾウムシの根絶に関する最も重大な課題となるだろう。

このようにイモゾウムシはアリモドキゾウムシと比べ根絶事業の難点が多い。しかし、唯一アリモドキゾウムシより勝っている部分がある。人工飼料によって卵から成虫まで生活史を通して飼育できるのだ（図6）。成虫を性成熟させ産卵基質にもなる成虫用飼料（榊原 2000）と、卵を接種し羽化するまで飼育できる幼虫用飼料（Shimoji & Kohama 1996; 浦崎ほか 2009）の双方とも開発されている。また、飼料作成から卵接種、飼育容器のパッキングまでほぼオートメーションでできるような設備もあり、大量増殖が可能である。ただし、原生生物 *Farinocystis* sp. の感染による死亡率の著しい上昇といった問題点もまだ残っている（Kumano et al. 2010c; 青木ほか 2013）。

4-5 鹿児島県特有の問題

鹿児島県では、奄美大島をはじめとして多くの離島にアリモドキゾウムシとイモゾウムシが広く分布している（宮路 2014）。鹿児島県特有の問題としては、本来分布していない県本土にもたびたびゾウムシ類の発生が見られることだ（図3）。離島とは異なり面積が大きいため、一度広域に定着すれば根絶は難しいと思われる。したがって、寄生されたサツマイモをいかに持ち込ませないか、もし侵入した際にはいかに早急に発見できるかが重要課題である。最近では、イモゾウムシの侵入を疾病の発生と捉えて、疫学的なアプローチから検証する試みもなされている（西岡ほか 2014）。この研究では、鹿児島県指宿市に侵入したイモゾウムシがその後定着するリスク要因を、発生地点と寄主植物の空間分布、住民への聞き取り調査を併用することで明らかにした。その結果、イモゾウムシにとっては家庭で食用とするための小規模な無農薬畑が好適な生息場所であり、それらが集中分布していることが定着に重要であることが示された。また、収穫したサツマイモを冬季に圃場内で貯蔵することで、イモゾウムシに越冬場所を提供してしまうことも明らかになった。住民への聞き取り調査では、イモゾウムシに関する認識は非常に低く、イモゾウムシの入り込んだイモを知らずに授受したり放置したりすることで、本種の移動分散と分布拡大に関与し

ていた。これらの結果から、イモゾウムシの分布拡大を防ぐには住民への十分な普及啓発活動が重要であることがわかる。

5 侵入による生態系への影響

本書の表題は「奄美群島の外来生物」である。本来ならゾウムシ類による奄美群島の生態系への影響に関する確立した知見を重点的に解説する方が本書の趣旨に合っているのかも知れない。しかし、ゾウムシ類に関してはその被害の大きさゆえに防除に関する研究に偏っている。防除に応用しやすい個体群生態学や行動生態学的な知見は蓄積されつつあるが、種間相互作用や生態系への影響を扱う群集生態学や生態系生態学のような他分野の研究例はほとんどない。そのため本節では、これらの分野についての現時点で考えられる可能性について論じていきたい。

5-1 種間競争

本種はサツマイモやノアサガオ、グンバイヒルガオなどのヒルガオ科植物を食害する。したがって、最初に考えられるのはこのようなヒルガオ科植物を利用していた在来種への影響である。サツマイモやヒルガオ科を利用する生物には葉を食害するコガネムシ科や鱗翅目の幼虫、茎から吸汁する半翅目などの昆虫がいる。また、根は線虫や甲虫の幼虫が食害することも多い。しかし、こういった同一資源を利用する在来種とゾウムシ類との相互作用については今まで明らかにされていない。これは、サツマイモの在来害虫達がそれほど大規模な被害をもたらさない一方で、ゾウムシ類の被害が凄絶だったためと思われる。

先に述べたように、本種に食害されたサツマイモは、イポメアマロンなどのセスキテルペン類を生産するようになる。ゾウムシ類の食害がイポメアマロンの生産というサツマイモの形質変化を引き起こし、他種に間接効果を与えることも考えられる（図9）。例えば、

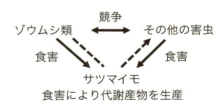

図9 イモゾウムシの食害がほかの害虫に及ぼし得る影響。実線は直接効果で、点線はイモの代謝産物生産による間接効果を示す

ヒトを含む哺乳類にとってイポメアマロンは有害物質である。ゾウムシの食害による直接的な被害だけでなく、サツマイモのイポメアマロン生産という形質変化を介した間接効果によって、人にとってのサツマイモの被害はさらに大きくなったと言える。一方で、アリモドキゾウムシの幼虫にとってはイポメアマロンによって軟化した組織は食いつきやすく、生存に良好な影響を与えているという仮説もある（Sakuratani et al. 2001、ただし実証はされていない）。こういった生産物がサツマイモを利用するほかの昆虫などにどの程度影響を与えているのか、あるいはイモへの嗜好性に影響するのかといった問題は未解決である。

5-2 捕食 - 被食関係

アリモドキゾウムシの捕食者として、クモやネズミなどが報告されている。しかし、イモゾウムシには特に知見はなく、筆者がホオグロヤモリ *Hemidactylus frenatus* や徘徊性のコモリグモに食わせようとしたところ、かなり飢えた状態にしても捕食は見られなかった。しかし一方で、イモトラップ内に潜んでいたヤモリを解剖すると、胃からイモゾウムシが多数検出されたこともあるらしい。いずれにせよ、筆者のわずかな経験では、ホオグロヤモリやクモはそれほど積極的にこれらゾウムシ類を捕食することはなかった。体内に残存したイポメアマロンやそのほかの代謝産物に捕食者を忌避させる性質があるのかもしれないが未検証である。ただし、サツマイモを食べて育ち体内に未消化物を保持したままの幼虫をホオグロヤモリに与えるとよく捕食したので、単に成虫の硬い外皮が忌避されただけなのかもしれない（幼虫を主な餌として、ヤモリはその後2カ月間生き続け、産卵もした。死因は水のやり忘れという人為的なものであった）。

アリモドキゾウムシとイモゾウムシ双方の幼虫に捕食寄

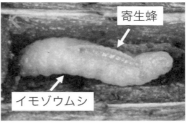

図10　サツマイモの木質化したツル上で寄主を探すイリムサーキバラコマユバチ（左）。寄生蜂幼虫と寄生されたイモゾウムシ幼虫（右）（熊野了州撮影）

生を行うイリムサーキバラコマユバチ *Bracon yasudai* という寄生蜂がいる（図10: Maeto & Uesato 2007）。捕食寄生とは最終的に宿主を殺してしまう寄生方法のことである。この寄生蜂は木質化したイモ茎外から幼虫を探し出して体表面に産卵することができる。本種のイモゾウムシ幼虫への寄生率は時に40％に達することもある（Maeto & Uesato 2007）。したがって、木質化した茎内といった保護された環境では幼虫の死因の大きな割合をこの蜂による捕食寄生が占めていると思われる。しかし、この捕食寄生がイモゾウムシの個体群動態に与える影響はまだ調べられていない。また、アリモドキゾウムシとイモゾウムシどちらを寄主として選好するのか、あるいはどちらの寄主がハチにとって良い餌なのかといったことは明らかにされていない。さらに、この寄生蜂の由来もまだ不明である。どこかの国でどちらかのゾウムシを利用していた本種が日本に侵入してきたのか、そもそも別の寄主に依存していた在来種が寄主転換したのか、といったこともよくわかっていない（Maeto & Uesato 2007）。

5-3　防除による生態系への影響

不妊虫放飼法では、大量の不妊虫を定期的に散布するため様々な生態系への影響が考えられる。例えば、不妊虫の散布は潜在的な捕食者相に大量の餌を提供するのとほぼ等しいと考えられる。これにより捕食者の一時的な増大を招くことになるかもしれない。また、不妊虫の死骸は有機物として分解され生態系内の物質循環に組み込まれるだろう。したがって、土壌中の栄養塩類の変動を招き、生態系の改変をもたらす可能性も考えられる。しかし、ゾウムシ類だけでなくそのほかの害虫に関する不妊虫放飼法事業でも、このような大量の不妊虫散布がもたらす生態系への影響を評価した研究はいまだない。

5-4　生物間相互作用が防除に与える影響

5-4-1　駆除の順番

外来種による生態系への悪影響を抑える際に、単に根絶すればよいわけではないという考えが近年広まってきている。例えば、ある外来種を駆除することで別の外来種の影響が強まり、かえって生態系への影響が悪化してしまうこともあり得る。岩手県のため池で2種の外来種（ウシガエル *Rana catesbeiana* と

コイ Cyprinus carpio）と在来種であるツチガエル Rana rugosa の関係を調べた研究がある（Atobe et al. 2014）。ウシガエルはツチガエルを捕食するため、ウシガエルの多いため池ではツチガエルは少なくなった。一方、コイはウシガエルのオタマジャクシをツチガエルのオタマジャクシよりもよく捕食した。これはツチガエルのオタマジャクシは水草などに隠れる性質がある一方で、ウシガエルのオタマジャクシにはないためである。この捕食圧の違いからコイが生息するため池では、ウシガエルが少なくツチガエルが多くなった。したがって、ため池からコイを先に駆除すると、ウシガエルが増えツチガエルが減少してしまうことになる。これは中位の捕食者の解放を通して在来種への悪影響が強まった例である。このように一つの生息場所に複数の外来種が存在する場合、駆除する順番を考慮に入れないと外来種駆除によって被害が逆に強まる恐れがある。

　ゾウムシ類ではどうであろうか。先に述べたように、アリモドキゾウムシの方がイモゾウムシよりも相対的に防除はやりやすい。したがって、まずアリモドキゾウムシを根絶しようという動きは当然であろう。しかし、種間競争に関してはアリモドキゾウムシの方が強い（Kuriwada et al. 2013a）ので、アリモドキゾウムシを先に防除してしまうとそれまで抑えつけられていたイモゾウムシがまん延するかもしれない。ただし、先の種間競争の研究は室内の一定条件下の研究であり、実際に野外でアリモドキゾウムシとイモゾウムシがどのような関係にあるのかを解明することが先決である。例えば、食害され畑に放置されたイモのうち、乾燥したイモからはイモゾウムシが羽化してくることが多い傾向がある。寄主の状態に応じて両種は資源を分割して、ある程度共存しているのかもしれない。野外での生活状況を基に両種の関係を押さえた上で、アリモドキゾウムシの被害が抑えられる利益とイモゾウムシの競争者がいなくなるコストを踏まえて防除の順番を考えるのが良いだろう。

5-4-2　代替餌の存在

　ゾウムシ類は、サツマイモだけでなく野生に生えているグンバイヒルガオやノアサガオでも生活史を全うできる。また小笠原諸島や石垣島、西表島に分布するオオバハマアサガオ Stictocardia tiliifolia でもアリモドキゾウムシが成長で

きることが近年わかった（椙本ほか 2015）。こういったサツマイモ以外のヒルガオ科寄主植物がイモと比べてどの程度餌としての質を持つのかは、防除戦略上も重要である。サツマイモと同等かそれに近い質を持つのならば、サツマイモ畑のみを徹底的に防除しても野生寄主が繁茂していれば代替餌として機能し、ゾウムシ類の避難所になるかもしれない。これら野生寄主の質をサツマイモと比較して評価した研究は少ない。近年、アリモドキゾウムシを対象にサツマイモとホシアサガオ *Ipomoea triloba* を寄主とした場合の内的自然増加率（潜在的な繁殖率）を比較した研究が行われた（Reddy & Chi 2015）。それによると、推定された内的自然増加率は、サツマイモの 0.0642 ± 0.0012（標準誤差）と比較してホシアサガオでは 0.0418 ± 0.0010 と有意に低かったものの、増殖は十分に可能な値であった。

　直接寄主植物上で適応度を比較したわけではないが、グンバイヒルガオの葉の粉末とサツマイモ粉末（皮なし）、サツマイモの皮の粉末、サツマイモの葉の粉末のいずれかを使用して作成した人工飼料をイモゾウムシ成虫に与えて産卵数とその後の適応度成分を比較した実験がある（中村ら 2011）。この研究によると、飼料の材料間で孵化率や成虫生存率には有意な違いが見られなかった。しかし、産卵数はグンバイヒルガオとイモの葉の飼料の方がほかの飼料よりも2倍ほども多かった。これらの結果からサツマイモとグンバイヒルガオでは餌としての質に大きな違いはないが、葉の部分に産卵刺激物質が多く含まれていることが示唆される（ただし、人工飼料にはビタミンやタンパク質も混合しているので、生存率に違いがないことを植物自体の結果として外挿はできない）。さらに、サツマイモの品種間でもイモゾウムシの産卵選好性と子の成長に違いがあることもわかっている（Okada et al. 2014）。この違いを利用することでゾウムシ類に対する抵抗性品種を育種することも可能かもしれない。

　野生寄主がサツマイモと比べそれほど劣った餌ではないのならば、サツマイモ畑だけではなく周辺の寄主植物群落に関しても何らかの対策が必要となる。現在は、モニタリングも兼ねてノアサガオやグンバイヒルガオのツルを採集し除去している。これらの植物を除去することでの生態系への影響は未解明である。寄主植物の中に希少な植物や重要な生態系機能を持つ植物が存在した場合にはどう対処するべきかという指針も、外来種対策として今後必要となるかも

しれない。

5-5 新しい環境に適応進化していくゾウムシ類

　外来生物は侵入先の環境に対して急速に進化することで定着に成功することがある。例えば、侵入先には天敵がいない（天敵からの解放）ので防御へ投資していた資源やエネルギーを在来種との種間競争に振り分けるように進化することで侵入を成功させる例がある。これは競争能力の増大進化（Evolution of Increased Competitive Ability：EICA）仮説と呼ばれ、実証研究が多くなされている（Blossey & Nötzold 1995）。例えば、外来植物のブタクサ *Ambrosia artemisiifolia* は原産地と比較して日本では食害前の防御レベルが低くなっており、食害後に起こる誘導防御に関しては変化していなかった（Fukano et al. 2012; 深野 2012）。よりコストのかかる食害前の防御への投資を低下させることで、種間競争に有利になっていることが示唆される。誘導防御に関してはコストが低いため、天敵がいなくても維持されているのだろう。残念ながらゾウムシ類では、このように侵入先の環境に応じた適応進化が生じたことを検証した研究はない。

　このような害虫の進化は防除上も問題となる。古くから害虫が殺虫剤に対して適応進化し、耐性を獲得する例は多く知られている。不妊虫放飼法でもこのような適応進化が生じていることがウリミバエの根絶事業中に明らかにされた。不妊オスと交尾したメスは、次世代が全く残せないためかなり大きな淘汰圧となり急速な対抗進化を招くだろう。ウリミバエのオスは夕方樹木の葉裏などに集まり、各オスが一枚の葉に陣取って翅の摩擦音と性フェロモンでメスへ求愛を行う。不妊虫放飼法による事業が進んでいる地域では、野生メスは不妊オスにするために大量増殖されているオスの求愛を避けることが明らかになった（Hibino & Iwahashi 1989）。一方で不妊虫放飼法が始まっていない地域ではそのようなメスの選り好みはなかった（Hibino & Iwahashi 1991）。このような不妊虫抵抗性とも言うべき進化が生じた場合、当然防除効率は低下していく。ウリミバエの根絶事業では、この対抗進化に対してシミュレーションモデルによって対策を検討した（Tsubaki & Bunroongsook 1990）。その結果によると、野生メスの抵抗性の影響はそれほど大きくなく、抵抗性のない場合の必要不妊

オス数の2～3倍多く放飼すればよいというものだった。この結果を基に放飼数を増やすことで根絶が無事達成された。しかし、この対策は増殖率の著しく高いミバエだからできたことであり、ゾウムシ類でそれだけ多く放飼できるのかはまた別の問題である。

　大量の不妊オスを恒常的に確保するために、野外とは大きく異なる条件で不妊オスは生産される。特に異なる条件は個体群密度である。大量増殖環境下では数百、数千個体の虫がひしめき合うような環境で飼育されることが多い。これは飼育スペースや労力の問題で避けることは難しい。また、常に餌が十分にある、捕食者がほとんどいない、移動分散するスペースもないといった環境でもある。こういった環境で何十世代も維持されれば、野外条件とは異なる形質が進化するだろう。不妊虫放飼法ではこのように勝手に起こってしまう進化をどう管理するかということも重要な課題である（宮竹 2008; Miyatake 2011）。

　不妊虫放飼法では野生のオスと十分に張り合えるだけの不妊オスの交尾能力（と受精能力）が必要となる。大量増殖環境では異性と高頻度で出会うため配偶者探索能力が衰える可能性がある。また、移動分散能力や性フェロモンへの反応性、捕食回避能力など不妊虫としての様々な質が、大量増殖環境下では劣化することが予測される。筆者はアリモドキゾウムシが大量増殖環境でどういった形質を進化させるのかを検証した。その例を以下に紹介する。

　アリモドキゾウムシは狭い空間で高密度飼育されており、雌雄が常に出会っている条件である。そんな環境では飛翔活動や性フェロモンへの反応性が低下し、交尾行動も変化していることが予測される。そこで、飛翔活動性と性フェロモンへの反応性、雌雄の交尾行動を増殖系統と野生系統とで比較してみた。幸いなことに、大量増殖されている系統はいつどこでどれだけの数の虫が種親として採集され、累代飼育が始まってから何世代経過しているのか、どの程度の飼育密度でどのタイミングで繁殖させているのか、といった飼育条件が克明に記録されていた。今回検証した集団の履歴を表1に示した。増殖系統は不妊虫放飼法用に使用されている系統のほかに沖縄県農業研究センターで研究用に独立して確立された系統があるため、増殖系統二つと野生系統二つとを比較できた。野生系統は野外採集個体を増殖系統と同じ飼育方法で数世代飼育したものを使用した。

表1　実験に用いたアリモドキゾウムシ野生系統2集団と増殖系統2集団の飼育条件（2012年5月時点）

採集地	系統	経過世代数	飼育密度(頭)*	創始個体数	採集年月
読谷村	野生	4	300	50	2011年11月
糸満市	野生	2	300	300	2012年 4月
読谷村	増殖	95	2000	10000	1997年10月
糸満市	増殖	38	750	1500	2006年 8月

*飼育容器の大きさは全て同じ

　飛翔活動性を定量化するにはMoriya & Hiroyoshi（1998）によって開発された方法を用いた。図11のような装置を組み立て、飛翔した個体の数を数えることで、系統間で飛翔活動を行う個体の割合を比較できる。その結果、二つの野生系統と二つの増殖系統のいずれにも有意な違いは見られなかった（Kuriwada et al. 2014a）。

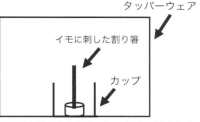

図11　アリモドキゾウムシの飛翔活動性を測定する装置。カップ内にゾウムシを放し2時間後にカップ外に脱出している個体数で飛翔活動性を評価した。カップの内側には炭酸カルシウム粉末が塗布してあり、ゾウムシは滑って登ることができないため、カップから脱出するには飛翔するしかない

　では、性フェロモンの方はどうだろうか。性フェロモンへの反応性を調べるには風洞という装置を使うのが一般的である。一定の風量で風が流れる空間を作り風上にフェロモン源を置き、虫がフェロモン源にどの程度の速さで近づくかということで性フェロモンへの反応を定量化するのだ。アリモドキゾウムシは小さく動作もそれほど速くないので大規模な風洞装置では実験を行いにくい。そこでタッパーウェアと卓上扇風機を使って図のような簡易風洞を作成した（図12）。これを利用して性フェロモンへの到達速度を比較したところ、増殖虫系統と野生系統とで有意な違いは見られなかった（Kuriwada et al. 2014a）。

　これらの結果は筆者にとって驚くべきものだった。飛ぶことも性フェロモ

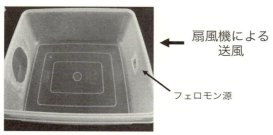

図12 タッパーウェアを利用した簡易風洞。フェロモン源に到達するまでの時間でフェロモンへの反応性を定量化した

ンで異性を呼ぶ必要もない環境で38〜95世代累代飼育されても、アリモドキゾウムシはこれらの形質を失っていなかった。意外に進化って起こりにくいものだなと思ったが、おそらくそれは単純過ぎる感想なのだろう。生物の形質を支配する遺伝子には一つの形質を決定するだけでなく、別の形質の発現にも影響するものがある。これを遺伝子の多面発現と呼ぶ。また同一染色体上にある遺伝子は子に伝わる際に一緒に移動することになる。これは連鎖不平衡と呼ばれる現象である。これらによってある形質と別の形質に相関が生じる場合これを遺伝相関と呼ぶ。遺伝相関があると、ある形質が進化すると別の形質もそれに引きずられて進化してしまうことになる。例えば、飛翔活動性が交尾を活発に行う形質と遺伝相関の関係にあるとしよう。すると飛翔活動性が低下し、交尾成功も同時に低下することになるだろう。したがって、飛翔活動が必要なくなっても交尾成功の点では有利になるため維持される可能性がある。ただし、ゾウムシ類では遺伝率や遺伝相関などの遺伝的基盤はほとんど調べられていない。

　それでは交尾行動の方はどうだろうか。高密度環境では頻繁に雌雄が出会うので常にオスがメスに交尾を迫っている。そのような状況ではメスはオスのしつこい求愛（セクシャルハラスメント）にいちいち抵抗するよりも交尾を受け入れてしまった方がむしろコストが低くなるというconvenience polyandryという仮説がある（Thornhill & Alcock 1983）。そこで、増殖系統のメスは野生系統のメスと比べて交尾時の抵抗が弱いのではないかと考えた。筆者はアリモドキゾウムシで交尾時のメスの抵抗を定量化する方法をすでに見つけていた。アリモドキゾウムシはオスがメスの背に乗り（マウント）交尾を行う。その際にメスがオスを乗せたまま、とことこ歩きまわることがある。この歩きまわる

頻度が高いほどオスからメスへの精子移送率が低くなるのだ（Kuriwada et al. 2013b）。つまり、全交尾継続時間に対するメスの歩行時間の割合がメスの抵抗の度合いを示すと考えられる。そこで、増殖系統と野生系統の雌雄を4通りの組み合わせでペアにして、交尾継続時間と歩行時間を測定した。交尾が終わった後にメスを解剖してオスの精子がメスの受精嚢にきちんと移送されているのかも確認した（Kuriwada et al. 2014b）。その結果、大量増殖系統の方が野生系統よりもメスの抵抗が少なく精子移送率も高いことがわかった（図13）。増殖系統間での違いは見られなかったことから、38世代経過した段階ですでにメスの抵抗性は低下していたことがわかった。高密度環境下でいかに異性からのセクハラを減らすかということは、飛翔能力やフェロモンへの反応に比べて重大な問題なのかもしれない。そのため、より早く進化が生じたと考えられる。メスの抵抗が減少するならオスの交尾能力もあわせて減じるかもしれない。また、ミバエで見られたような不妊虫への忌避反応がメスに進化しているかもしれない。しかし、今回の研究ではそのようなオス側の影響は見られなかった。したがって、不妊虫

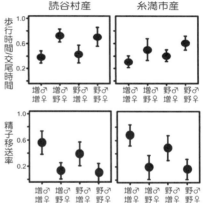

図13　交尾中の歩行時間で見たメスの抵抗性（上図）と交尾したメスに精子が移送されていた割合（下図）（Kuriwada et al. 2014b を改変）。増は増殖系統、野は野生系統をそれぞれ示す。いずれもメスが増殖系統か野生系統かで結果が異なり、オスの系統は影響していない

放飼法を実施する上では今のところ問題はなさそうだが、今後もオスの交尾能力やメスの不妊虫抵抗性は定期的にモニタリングしていく必要があるだろう。

イモゾウムシに関しては、今のところ大量増殖環境への適応進化に関する研究は少ない。人工飼料に対する適応が見られたという研究と、交尾行動の進化を検証した研究を以下に紹介しよう。サツマイモは生鮮野菜であり時間とともに急速に劣化する。また、かさ張るのでスペースを多く取る。したがって、大量増殖用の飼料としてはあまり向いていない。そこで人工飼料を用いた飼育への切り替えが望まれている。人工飼料はサツマイモ粉末とビタミンなどの必須

栄養素、防腐剤などを混合し寒天で固めて作成する。一般に、人工飼料は自然状態での餌と比べて、嗜好性が悪かったり栄養面で不完全であったりすることもある。イモゾウムシに関しては試行錯誤によって嗜好性が高く栄養の問題もクリアできる人工飼料が完成しつつある（4-4節参照）。その開発過程で、人工飼料に対する適応進化がイモゾウムシで観察された（Shimoji & Miyatake 2002）。人工飼料で飼育し始めた頃に比べて、累代飼育を重ねた系統（14世代）は人工飼料への産卵数が増え、産卵までの日数が短縮していたのだ。これは大量増殖に関しては都合の良い進化だ。しかし、人工飼料に適応したイモゾウムシが不妊虫としてどんな有利・不利な点を持つようになったのかは、まだわかっていない。

　イモゾウムシもアリモドキゾウムシと同様にメスの背にオスがマウントすることから交尾行動が始まる。野生系統（室内で3世代飼育）と増殖系統（44世代飼育）で交尾成功率や交尾継続時間、オスからメスへの精子移送数を比較した研究がある（照屋・熊野 2015）。その結果、交尾能力や交尾継続時間自体には大量増殖系統と野生系統とで有意な違いは見られなかったが、オスからメスへの精子移送数が増加していることがわかった。交尾後にメスの体内で複数のオスの精子が受精を巡って競争することを精子競争と呼ぶ。頻繁にオスとメスが交尾する増殖環境では精子競争が強く生じていることが予測される。したがって、増殖系統のオスは精子競争に勝利するために精子移送数を増やしていると考えられる。

　このように、今までは大量増殖環境下でゾウムシ類にどのような進化が生じたかを明らかにした段階である。今後は不妊虫放飼法を行う上で進化を管理し有効な進化を引き起こすといった積極的な利用法も考えていくことが必要となるだろう。例えば、飼育環境下で増殖しやすく野生オスと比べて交尾能力の高い不妊オスを作り出せれば理想的である。このような人為選択法の開発が今後の研究で可能になることを期待したい。

6　まとめ

　ミバエやゾウムシ類の根絶事業を進める上で、害虫の行動や環境への適応進

化を解明するという研究が大きな役割を果たしてきた（伊藤 2008）。研究は論文として公表されて一区切りとなるが、いちいち論文になるまで待っていては事業が遅れるという考えもあるかもしれない。しかし、論文にならない精度のデータや論理性、客観性で巨額な予算を費やす事業を推進していくのはあまりにも恐ろしいことではないだろうか。遠回りに見えても着実な研究結果を積み上げていくことが必要であり、たとえ事業が停滞・失敗しても原因を検証することが可能になる（伊藤 2003）。

　また一方で、根絶事業を通して生物学的に興味深い問題を解くこともできる。本章で紹介したように、根絶のために行われた研究の中には生態学や動物行動学に関する新たな発見をもたらしたものも多い。事業と研究とが良い相互作用をしていくことが健全な方向性であると思われる。アリモドキゾウムシやイモゾウムシが外来種として侵入先の生態系にどのような影響を与えるかは、まだほとんど解明されていない。現在、複数の研究者らによって研究は着実に進捗している。早晩この章の内容は古くなり、新しい発展が書かれることになるだろう。

　研究以外にもう一つ重要な視点は、アリモドキゾウムシ、イモゾウムシいずれでも地域住民への普及啓発活動が重要な対策の一つだというものである（4-3節、4-5節参照）。根絶事業ではサツマイモの生産制限などが行われることもあり得る。その際には農家の理解は欠かすことができない。また、せっかく根絶がうまくいってもゾウムシの入ったサツマイモを持ち込まれては再侵入を許すことになってしまう。ゾウムシ類は微小な虫であり産卵孔は目立ちにくい。そのため、きれいなイモだから大丈夫と持ち込んでしまう人もいるらしい。被害の大きさや防除の難しさ、根絶にかかる費用、根絶を達成した際の利益などを地域住民だけではなく、旅行者にも積極的に紹介する試みが行われ、現在は一定の効果をあげていると考えられる。

　外来種問題の文献では、外来種が侵入・定着した際にそれを取り除くことは巨大なコストがかかると説明される。本章のゾウムシ類の根絶事業は実際に外来種の除去にどれだけコストがかかるのかを示してくれるよい教訓となるだろう。久米島（面積約6,000ha）のアリモドキゾウムシの根絶では19年の歳月と延べ10万人の人員、総額約45億円の事業費がかかった（松山 2014）。いった

ん侵入した外来種を除去するにはおおよそこのくらいのコストがかかるという一例である。このような膨大なコストを考えると、国外だけでなく国内外来種であってもまず侵入させないという予防的管理こそが重要であることがわかるだろう。

多大なコストがかかるのならば、コストを上回る経済的な利益がない限り、いったん定着した害虫の根絶は引き合わないと判断されてしまうだろう。しかし、農林水産業以外の生態系サービスを経済的視点で統一的に評価することは難しい。さらに、地域の長い歴史の末に成立した生態系は唯一無二の存在であり、その歴史性や固有性を無視できない。根絶が現実的には無理だと判断される場合でも、いかにその影響を抑制できるか、また被害が許容できる水準を客観的な根拠とともに設定する必要があるだろう。それには外来種と在来種との生物間相互作用や外来種による生態系への影響を解明する研究が不可欠である。そういった意味からもアリモドキゾウムシやイモゾウムシで研究する余地はまだ大きく残っている。今後の研究の発展に期待したい。

引用文献

青木智佐・新見はるか・松山隆志・金城邦夫・熊野了州（2013）サツマイモの大害虫イモゾウムシの根絶をめざして―根絶防除事業と原虫病―. 化学と生物 51: 500-506

安里清景（1950）甘藷の新害虫イモゾウに就いて. 国頭農報 8: 5-11

Atobe T, Osada Y, Takeda H, Kuroe M, Miyashita T（2014）Habitat connectivity and resident shared predators determine the impact of invasive bullfrogs on native frogs in farm ponds. Proceedings of the Royal Society of London B: Biological Sciences 281: 2013-2621

Blossey B, Nötzold R（1995）Evolution of increased competitive ability in invasive nonindigenous plants: a hypothesis. Journal of Ecology 83: 887-889

Cheng IC, Lee HJ, Wang TC（2009）Multiple factors conferring high radioresistance in insect Sf9 cells. Mutagenesis 24: 259-269

藤本健二・平田建彦・松岡拓穂（2000）近年におけるゾウムシ類の緊急防除（2）高知県室戸市. 植物防疫 54: 453-454

深野祐也（2012）外来雑草の進化生態学—天敵昆虫に対する防御の急速な進化—. 関東雑草研究会会報 23: 34-42

Fukano Y, Yahara T（2012）Changes in defense of an alien plant *Ambrosia artemisiifolia* before and after the invasion of a native specialist enemy *Ophraella communa*. PLoS ONE 7: e49114

Hibino Y, Iwahashi O（1989）Mating receptivity of wild type females for wild type males and mass-reared males in the melon fly, *Dacus cucurbitae* COQUILLETT（Diptera: Tephritidae）. Applied Entomology and Zoology 24: 152-154

Hibino Y, Iwahashi O（1991）Appearance of wild females unreceptive to sterilized males on Okinawa Is. in the eradication program of the melon fly, *Dacus cucurbitae* COQUILLETT（Diptera: Tephritidae）. Applied Entomology and Zoology 26: 265-270

Hosokawa T, Fukatsu T（2010）*Nardonella* endosymbiont in the West Indian sweet potato weevil *Euscepes postfasciatus*（Coleoptera: Curculionidae）. Applied Entomology and Zoology 45: 115-120

石井択径・別府 成・中西あゆみ・森木 啓・安田 研・田原則雄・山中典子（2012）腐敗甘薯中毒事例におけるサツマイモからのイポメアマロンの検出．日本獣医師会雑誌 65: 355-359

伊藤嘉昭（2003）楽しき挑戦—型破り生態学50年．海游舎，東京

伊藤嘉昭編（2008）不妊虫放飼法．侵入害虫根絶の技術．海游舎，東京

伊藤嘉昭（2008）不妊虫放飼法の歴史と世界における成功例．（伊藤嘉昭編）不妊虫放飼法．侵入害虫根絶の技術，1-17. 海游舎，東京

伊藤嘉昭・垣花廣幸（1998）農薬なしで害虫とたたかう．岩波書店，東京

Jansson RK, Mason LJ, Heath RR（1991）Use of sex pheromone for monitoring and managing *Cylas formicarius*. In Jansson RK, Raman KV eds. Sweet Potato Pest Management: A Global Perspective. 97-138. Westview Press, Boulder, Colorado

Katsuki M, Omae Y, Okada K, Kamura T, Matsuyama T, Haraguchi D, Kohama T, Miyatake T（2012）Ultraviolet light-emitting diode（UV LED）trap the West Indian sweet potato weevil, *Euscepes postfasciatus*（Coleoptera: Curculionidae）. Applied Entomology and Zoology 47: 285-290

Kawamura K, Kandori I, Sakuratani Y, Sugimoto T (2005) On elytral color dimorphism of sweet potato weevil, *Cylas formicarius* (Fabricius), in the Southwest islands, Japan. Memoirs of the Faculty of Agriculture of Kinki University 38: 1-7.

Kawamura K, Sugimoto T, Kakutani K, Matsuda Y, Toyoda H (2007) Genetic variation of sweet potato weevils, *Cylas formicarius* (Fabricius) (Coleoptera: Brentidae), in main infested areas in the world based upon the internal transcribed spacer-1 (ITS-1) region. Applied Entomology and Zoology 421: 89-96

Kawamura K, Ohno S, Haraguchi D, Kawashima S, Kohama T (2009) Geographic variation of elytral color in the sweet potato weevil, *Cylas formicarius* (Fabricius) (Coleoptera: Brentidae), in Japan. Applied Entomology and Zoology 44: 505-513

Kinjo K, Ito Y, Higa Y (1995) Estimation of population density, survival and dispersal rates of the West Indian sweet potato weevil, *Euscepes postfasciatus* Fairmaire (Coleoptera: Curculionidae), with mark and recapture methods. Applied Entomology and Zoology 30: 313-316

Knipling EF (1955) Possibilities of insect control or eradication through the use of sexually sterile males. Journal of Economic Entomology 48: 459-462

Kokko H, Ots I (2006) When not to avoid inbreeding. Evolution 60: 467-475

熊野了州 (2014) サツマイモ害虫イモゾウムシの不妊虫放飼法による根絶に向けた近年の研究の展開. 日本応用動物昆虫学会誌 58: 217-236

熊野了州 (2015) ゾウムシ類におけるオスの性的能力に注目した不妊化技術. 植物防疫 6: 19-23

Kumano N, Haraguchi D, Kohama T (2008) Effect of irradiation on mating ability in the male sweetpotato weevil (Coleoptera: Curculionidae). Journal of Economic Entomology 101: 1198-1203

Kumano N., Kawamura F, Haraguchi D, Kohama T (2009) Irradiation does not affect field dispersal ability in the West Indian sweetpotato weevil, *Euscepes postfasciatus*. Entomologia Experimentalis et Applicata 130: 63-72

Kumano N, Kuriwada T, Shiromoto K, Haraguchi D, Kohama T (2010a) Evaluation of partial sterility in mating performance and reproduction in the *Euscepes postfasciatus* (Fairmaire) (Coleoptera: Curculionidae). Entomologia Experimentalis et Applicata 136: 45-52

Kumano N, Kuriwada T, Shiromoto K, Haraguchi D, Kohama T (2010b) Assessment of the effect of partial sterility on mating performance in the sweet potato weevil, (Coleoptera: Curculionidae). Journal of Economic Entomology 103: 2034-2041

Kumano N, Iwata N, Kuriwada T, Shiromoto K, Haraguchi D, Yasunaga-Aoki C, Kohama T (2010c) The neogregarine protozoan *Farinocystis* sp. reduces longevity and fecundity in the West Indian sweet potato weevil, *Euscepes postfasciatus* (Fairmaire). Journal of Invertebrate Pathology 105: 298-304

Kumano N, Kuriwada T, Shiromoto K, Haraguchi D, Kohama T (2011a) Prolongation of the effective copulation period by fractionated‐dose irradiation in the sweet potato weevil, *Cylas formicarius*. Entomologia Experimentalis et Applicata 141: 129-137

Kumano N, Kuriwada T, Shiromoto K, Haraguchi D, Kohama T (2011b) Fractionated irradiation improves the mating performance of the West Indian sweet potato weevil *Euscepes postfasciatus*. Agricultural and Forest Entomology 13: 349-356

Kumano N, Kuriwada T, Shiromoto K, Haraguchi D (2012) Effect of low temperature between fractionated-dose irradiation doses on mating of the West Indian sweetpotato weevil, *Euscepes postfasciatus* (Coleoptera: Curculionidae). Applied Entomology and Zoology 47: 45-53

栗和田隆（2013）サツマイモの特殊害虫アリモドキゾウムシの根絶に関する最近の研究展開．日本応用動物昆虫学会誌 57: 1-10

栗和田隆（2015）長期累代飼育にともなうアリモドキゾウムシの家畜化の進行．植物防疫 69: 377-380

Kuriwada T, Kumano N, Shiromoto K, Haraguchi D (2010a) Effect of mass rearing on life history traits and inbreeding depression in the sweetpotato weevil (Coleoptera: Brentidae). Journal of Economic Entomology 103: 1144-1148

Kuriwada T, Hosokawa T, Kumano N, Shiromoto K, Haraguchi D, Fukatsu T (2010b) Biological role of *Nardonella* endosymbiont in its weevil host. PLoS ONE 5:

e13101.

Kuriwada T, Kumano N, Shiromoto K, Haraguchi D (2011a) The effect of inbreeding on mating behaviour of West Indian sweet potato weevil *Euscepes postfasciatus*. Ethology 117: 822-828

Kuriwada T, Kumano N, Shiromoto K, Haraguchi D (2011b) Inbreeding avoidance or tolerance? Comparison of mating behavior between mass-reared and wild strains of the sweet potato weevil. Behavioral Ecology and Sociobiology 65: 1483-1489

Kuriwada T, Kumano N, Shiromoto K, Haraguchi D (2013a) Effects of intra- and inter-specific competition on fitness of sweetpotato weevil and West Indian sweetpotato weevil. Journal of Applied Entomology 137: 310-316

Kuriwada T, Kumano N, Shiromoto K, Haraguchi D (2013b) Female walking during copulation reduces the likelihood of sperm transfer from males in the sweet potato weevil, *Cylas formicarius*. Entomologia Experimentalis et Applicata 147: 225-230

Kuriwada T, Kumano N, Shiromoto K, Haraguchi D (2014a) Mass-rearing conditions do not affect responsiveness to sex pheromone and flight activity in sweetpotato weevils. Journal of Applied Entomology 138: 254-259

Kuriwada T, Kumano N, Shiromoto K, Haraguchi D (2014b) Laboratory adaptation reduces female mating resistance in the sweet potato weevil. Entomologia Experimentalis et Applicata 152: 77-86

小濱継雄 (1990) 沖縄におけるアリモドキゾウムシ及びイモゾウムシの侵入の経過と現状．植物防疫44：115-117

小濱継雄・久場洋之 (2008) 性フェロモンと不妊虫放飼によるアリモドキゾウムシの根絶．(伊藤嘉昭編) 不妊虫放飼法．侵入害虫根絶の技術．277-316．海游舎，東京

Maeto K, Uesato T (2007) A new species of *Bracon* (Hymenoptera: Braconidae) parasitic on alien sweetpotato weevils in the south-west islands of Japan. Entomological Science 10: 55-63

松山隆志 (2014) 久米島におけるアリモドキゾウムシの根絶防除．植物防疫所病害虫情報 100: 7-8

宮路克彦 (2014) 奄美群島におけるアリモドキゾウムシおよびイモゾウムシの

分布(2010-2011年).九州病害虫研究会報 60: 68-74

宮竹貴久(2008)ウリミバエの体内時計を管理せよ.(伊藤嘉昭編)不妊虫放飼法.侵入害虫根絶の技術, 177-214. 海游舎.東京

Miyatake T (2011) Insect quality control: synchronized sex, mating system, and biological rhythm. Applied Entomology and Zoology 46: 3-14

Miyatake T, Moriya S, Kohama T, Shimoji Y (1997) Dispersal potential of male *Cylas formicarius* (Coleoptera: Brentidae) over land and water. Environmental Entomology 26: 272-276

Moriya S, Hiroyoshi S (1998) Flight and locomotion activity of the sweet potato weevil (Coleoptera: Brentidae) in relation to adult age, mating status, and starvation. Journal of Economic Entomology 91: 439-443

名和梅吉(1903)蟻形象鼻蟲に就いて.昆虫世界 7: 327-330

Nakamoto Y, Kuba H (2004) The effectiveness of a green light emitting diode (LED) trap at capturing the West Indian sweet potato weevil, *Euscepes postfasciatus* (Fairmaire) (Coleoptera: Curculionidae) in a sweet potato field. Applied Entomology and Zoology 39: 491-495

仲本 寛・澤岻 淳(2001)イモゾウムシの走光性と野外条件下におけるケミカルライトの誘引効果.日本応用動物昆虫学会誌 45: 212-214

仲本 寛・澤岻 淳(2002)イモゾウムシ用LEDトラップの開発.日本応用動物昆虫学会誌 46: 145-151

中村隆文・大野 豪・浦崎貴美子・原口 大・小濱継雄(2011)採卵用人工飼料に混合する植物粉末の種類と飼料調製法がイモゾウムシの産卵に及ぼす影響.日本応用動物昆虫学会誌 55: 1-8

西岡稔彦・川崎修二・平岡俊三・上福元彰・桑原浩和・井手敏和・末吉澄隆・伊藤俊介(2000)近年におけるゾウムシ類の緊急防除(1)鹿児島県内各地.植物防疫 54: 448-452

西岡一也・坂巻祥孝・中村孝久・山口卓宏(2014)鹿児島県指宿市に侵入したイモゾウムシの定着に関する空間疫学ならびにリスク要因分析.日本応用動物昆虫学会誌 58: 237-247

農林水産省門司植物防疫所(2012)鹿児島県指宿市におけるイモゾウムシおよ

びアリモドキゾウムシの緊急防除と根絶. 植物防疫 66: 350-351

Okada Y, Yasuda K, Sakai T, Ichinose K (2014) Sweet potato resistance to *Euscepes postfasciatus* (Coleoptera: Curculionidae): Larval performance adversely effected by adult's preference to tuber for food and oviposition. Journal of Economic Entomology 107: 1662-1673

沖縄県農林水産部 (2013) 平成23年度沖縄県特殊病害虫防除事業報告書. 350 pp. 沖縄県農林水産部, 沖縄

大野 豪・原口 大・浦崎貴美子・小濱継雄 (2006) サツマイモの大害虫イモゾウムシ—久米島における発生生態と防除の現状. 昆虫と自然 41: 25-30

Reddy, GV, Chi H (2015) Demographic comparison of sweetpotato weevil reared on a major host, *Ipomoea batatas*, and an alternative host, *I. triloba*. Scientific Reports 5: doi: 10.1038/srep11871

榊原充隆 (2003) イモゾウムシ成虫用人工飼料の開発. 日本応用動物昆虫学会誌 47: 67-72

桜井宏紀 (2000) 不妊虫放飼法によるゾウムシ類の根絶 (4) 不妊虫の生殖生理. 植物防疫 54: 466-468

Sakuratani Y, Nakao K, Aoki N, Sugimoto T (2001) Effect of population density of *Cylas formicarius* (Fabricius) (Coleoptera: Brentidae) on the progeny populations. Applied Entomology and Zoology 36: 19-23

Shimoji Y, Kohama T (1996) An artificial larval diet for the West Indian sweet potato weevil, *Euscepes postfasciatus* (FAIRMAIRE) (Coleoptera: Curculionidae). Applied Entomology and Zoology 31: 152-154

Shimoji Y, Miyatake T (2002) Adaptation to artificial rearing during successive generations in the West Indian sweetpotato weevil, *Euscepes postfasciatus* (Coleoptera: Curculionidae). Annals of the Entomological Society of America 95: 735-739

Shiromoto K, Kumano N, Kuriwada T, Haraguchi D (2011) Is elytral color polymorphism in sweetpotato weevil (Coleoptera: Brentidae) a visible marker for sterile insect technique? Comparison of male mating behavior. Journal of Economic Entomology 104: 420-424

城本啓子・川村清久・原口 大・松山隆志（2012）アリモドキゾウムシの色彩多型を用いたマーキング法：不妊虫放飼法への利用．植物防疫 66: 316-320

杉本 毅（2000）２種のゾウムシ類の起源，分散，我が国への侵入．植物防疫 54: 444-447

杉本 毅・瀬戸口脩（2008）奄美大島におけるアリモドキゾウムシ根絶実証事業と残された課題．（伊藤嘉昭編）不妊虫放飼法．侵入害虫根絶の技術．241-276．海游舎，東京

椙本孝行・松田耕平・田中道典（2015）オオバハマアサガオ *Stictocardia tiliifolia* がアリモドキゾウムシ *Cylas formicarius* の野生条件下における寄主植物であることについて．植物防疫所調査研究報告 51: 23-25

鈴木芳人・宮井俊一（2000）不妊虫放飼法によるゾウムシ類の根絶（5）不完全不妊虫の利用―理論的アプローチ―．植物防疫 54: 169-471

照屋清仁・熊野了州（2015）長期累代飼育がイモゾウムシの交尾能力に及ぼす影響．日本応用動物昆虫学会誌 59: 17-22

Thornhill R, Alcock J（1983）The Evolution of Insect Mating Systems. Harvard University Press.

Tsubaki Y, Bunroongsook S（1990）Sexual competitive ability of mass-reared males and mate preference in wild females: Their effects on eradication of melon flies. Applied Entomology and Zoology 25: 457-466

浦崎貴美子・大野 豪・原口 大・小濱継雄（2009）幼虫用人工飼料作製法の簡易化がイモゾウムシの生存と発育に及ぼす影響．日本応用動物昆虫学会誌 53: 1-6

瓜谷郁三（2001）虫害におけるサツマイモの反応．（瓜谷郁三編）ストレスの植物生化学・分子生物学．熱帯性イモ類とその周辺．137-149．学会出版センター，東京

Wolfe GW（1991）The origin and dispersal of the pest species of *Cylas* with a key to the pest species groups of the world. In Jansson RK Raman KV eds. Sweet Potato Pest Management, a Global Perspective. 13-43. Westview Press, Boulder

安田慶次（1996）イモゾウムシ成虫捕獲用のピットホールトラップの作製とその誘引特性．日本応用動物昆虫学会誌 40: 97-102

第4章
薩南諸島の外来の衛生動物

大塚　靖

1　はじめに

　蚊・ブユ・ダニなど感染症を媒介する動物、毒蛇・蜂・毒グモなどの有毒動物、ゴキブリ・ユスリカなどの不快昆虫類などをまとめて衛生動物と呼んでいる。この章では薩南諸島で問題となっている外来の衛生動物や、今後問題となる可能性がある外来の衛生動物を取り上げる。広東住血線虫の中間宿主であるアフリカマイマイも重要な外来の衛生動物だが、第7章で詳しく説明しているので、そちらを参照していただきたい。

2　ゴケグモ類

　薩南諸島に分布している外来の衛生動物としては、特定外来生物に指定されているハイイロゴケグモ（*Latrodectus geometricus*）（図1）がいる。ハイイロゴケグモは世界中の亜熱帯、熱帯地域に広く生息しており、中南米・アフリカの熱帯地域が分布の中心である。メス生体の体長は約0.7～1.0cm。全体が灰色または褐色で、黒い個体もある。腹部の背面に目立った赤色の縦状の模様

図1　ハイイロゴケグモ（環境省自然環境局より）

があり、腹側には砂時計の形状の様な赤い斑紋がある。オス生体の体長は約0.4〜0.5cm。メスが毒を持っているが、オスに毒はない。日本での最初の報告は1995年に横浜港のコンテナ埠頭に隣接する公園で、数個体の卵のうをもったメスおよび多数の幼生が採集されている（Ono 1995）。薩南諸島においては、2001年に奄美市、喜界町、徳之島町、和泊町、与論町で発見されている（吉田 2001）。発見場所は空港およびフェリー発着所である。その後、2006年には西之表市、2015年には天城町からも報告されている（表1、図2、鹿児島県 2015; ゴケグモ類の情報センター 2016）。これまでに国内で報告されているほかの都道府県としては、東京都、愛知県、京都府、大阪府、兵庫県、岡山県、山口県、福岡県、長崎県、宮崎県、沖縄県がある（ゴケグモ類の情報センター 2016）。これらの発見場所のほとんどは港湾または空港付近であり、コンテナなどの貨物などから侵入してきたと考えられる。

表1　鹿児島県におけるハイイロゴケグモの発生状況

no.	市町村	発見場所	年	個体数	出典
1	霧島市	鹿児島空港	2001	4個体	吉田政弘(2001)
2	鹿児島市	フェリー発着所	2001	87個体	吉田政弘(2001)
3	奄美市	奄美空港	2001	36個体・卵嚢50個	吉田政弘(2001)
4	喜界町	喜界島フェリー発着所	2001	26個体	吉田政弘(2001)
5	徳之島町	徳之島フェリー発着所	2001	31個体	吉田政弘(2001)
6	与論町	与論フェリー発着所	2001	6個体	吉田政弘(2001)
7	和泊町	沖永良部島フェリー発着所	2001	80個体・卵嚢4個	吉田政弘(2001)
8	奄美市	奄美大島フェリー発着所	2001	70個体・卵嚢8個	吉田政弘(2001)
9	喜界町	浦原	2004	1♀・1♂・卵嚢1個	加村隆英(2004)
10	西之表市	西之表港	2006	-	-
11	志布志市	大浜緑地	2008	7個体・卵嚢	2008年2月7日付新聞各紙
12	鹿児島市	喜入中名町	2008	-	2008年8月9日付新聞各紙
13	喜界町	湾・農産物加工センター	2008	1個体	2008年12月20日付新聞各紙
14	東串良町	川東・波見港	2010	-	-
15	鹿児島市	喜入町・マリンピア喜入	2011	-	-
16	鹿児島市	中央港新町・マリンポート鹿児島	2012	-	-
17	天城町	三京・商店	2015	1♀・卵嚢2個	2015年7月9日付新聞各紙
18	奄美市	笠利町・太陽が丘総合運動公園	2015	多数個体・卵嚢多数	2015年7月23日付新聞各紙
19	鹿児島市	谷山緑地公園	2015	-	鹿児島市(2015)
20	奄美市	-	2016	-	2016年3月25日付新聞各紙

-：情報なし（鹿児島県 2015、鹿児島市 2015、ゴケグモ類の情報センター 2016）

　ハイイロゴケグモはコンクリート建造物や器物の窪みや穴、裏側、隙間などに営巣し、人間の生活環境周辺での生息が可能である。毒グモであるが、おとなしい性質で攻撃性はない。偶然に触れるなどして、ゴケグモ類に咬まれた場合は、痛みを感じた後に腫れ、全身症状（痛み、発汗、発熱など）が現れるこ

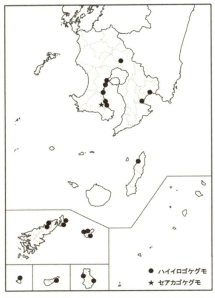

図2　鹿児島県のハイイロゴケグモとセアカゴケグモの分布

とがあるが、重症化することは少ない。しかし、国内でハイイロゴケグモの刺咬症は報告されていない。

ハイイロゴケグモは、ほぼ同時期に国内に侵入してきたセアカゴケグモ（*L. hasseltii*）（図3）と比較して、その後の分布の仕方に大きな違いが出ている。2015年でセアカゴケグモは41都道府県に分布しており（ゴケグモ類の情報センター 2016）、大阪府、三重県、兵庫県、和歌山県、奈良県、福岡県では定着したと考えられている。特に、大阪府でその密度を広げており、それに伴い刺咬例も増えている。セアカゴケグモの国内での刺咬例は2014年までで84例あるが、そのうち79例は大阪府で発生しており、大阪府以外では福岡県や三重県などで発生している（ゴケグモ類の情報センター 2016）。セアカゴケグモは鹿児島県においては鹿児島市では報告はあるが、鹿児島県の島嶼域では報告がない。ハイイロゴケグモはセアカゴケグモほど国内でその密度は広がっていない。セアカゴケグモは港湾などから侵入してきた後、二次的に各地に広がっているが、ハイイロゴケグモではそのような様子はない。世界的には、ハイイロゴケグモはセアカゴケグモと比べてはるかに広い範囲で確認されており、日本においても適応力で劣るとは思われないので、なぜこのような違いとなったかは明らかではない。鹿児島県などいくつかの県では何度も報告があり、定着の可能性はあるものの、定着しているかどうかは明らかではない。

また、ハイイロゴケグモはセアカゴケグモのように形態的特徴が明確でなく、オオヒメグモ（*Parasteatoda tepidariorum*）などのほかの種との識別が難しく、過去には誤同定も認められた。専門家の同定を行っていない情報は、再確認が必要である（清水ほか 2014）。

ハイイロゴケグモは、セアカゴケグモほど国内での密度が増えておらず、刺咬例もないことから、一般的にはその認知度は低い。しかし、何度も報告がある薩南諸島においては、定着の可能性もあり、港湾および空港周辺での定期的な調査が必要である。また、地域住民にゴケグモ類の危険性を知らせる活動も同時に行うべきである。

図3　セアカゴケグモ（メス、環境省自然環境局より）

2　大陸から飛んでくる昆虫たち

　外来種が国内に侵入する方法では、ゴケグモ類のように貨物にまぎれて侵入したり、マングースのようにヒトが導入するなどの、ヒトに関係して侵入することがあるが、風に乗って大陸などから侵入する場合もある。最も知られているのは稲の害虫であるウンカである。セジロウンカ（*Sogatella furcifera*）やトビイロウンカ（*Nilaparvata lugens*）は、わが国の水稲栽培上最も重要な害虫である。日本で越冬することはできず、毎年6月から7月前半にかけて中国南部から東シナ海を越えて、おもに九州を中心とした西日本へ飛来する。体長4mm程度のウンカはおよそ1日から1日半程度で中国大陸から九州に到着する。現在では、高精度な気象シミュレーションを用いてウンカの海外からの飛来をリアルタイムに予測できる。

　衛生動物の分野でも大陸から飛んでくる昆虫が知られている。アカバネ病は、ブニャウイルス科オルソブニャウイルス属のアカバネウイルスによる反芻獣（牛、水牛、山羊、めん羊など）の疾病で、妊娠獣では異常産（流産、早産、死産、先天異常子の分娩）、若齢牛では非化膿性脳脊髄炎による神経症状を主徴とする。アカバネウイルスは *Culicoides* 属ヌカカが伝播に関与していることが明らかになっている。ヌカカは哺乳類や鳥類から吸血し、病原微生物を媒介する種を多く含んでいる。国内では、同属のウシヌカカ（*Culicoides oxystoma*）

（図4）から多くのウイルス株が分離されており、本種が主要な媒介種であると考えられている。しかし、ウシヌカカが分布しない東北や北海道でも時折アカバネ病の発生がみられることから、他種のヌカカの関与も疑われている。ヌカカは気温が低下すると活動できないため、九州以北では冬季に感染環が維持されず、ウイルスの越冬は困難であると考えられている。また、日本で分離されるアカバネウイルスは、年ごとにゲノム上に一定の変異がみられ、分子系統樹解析により異なる遺伝子型に分類される場合もあり（Kobayashi et al. 2007）、流行シーズンごとに気流に乗って海を越えて到達したウイルスを持つヌカカから、一過性の感染の広がりが起きることが推察されている。脊椎動物宿主内でのウイルス血症は2～4日程度であり、その後、終生免疫が付与され再感染は起こらないと考えられる。発症動物である牛、水牛、めん羊、山羊以外にも、豚、イノシシ、シカなどでアカバネウイルスに対する抗体が確認されている。ヌカカは飛翔力が弱いとされているが、気流によるウイルスを持つヌカカの拡散により、国内でも短期間で広範囲にウイルスが伝播する場合がある（梁瀬 2015）。アカバネ病は薩南諸島にもみられるので、大陸からやってくるヌカカによって感染が起こっていると考えられる。

図4　ウシヌカカ（メス、梁瀬徹博士提供）

　同じように大陸から飛来してくる衛生昆虫として、コガタアカイエカ（*Culex tritaeniorhyncus*）（図5）が知られている。コガタアカイエカは発生源として水田のような広い水域を好む。4月から出現し、7～8月が発生のピークとなる。成虫は牛や豚のほかヒトからも吸血する。コガタアカイエカは日本脳炎を媒介することが知られている。日本脳炎は極東から東南アジア・南アジアにかけて広く分布しており、世界的には年間3～4万人の日本脳炎患者の報告があるが、日本と韓国はワクチンの定期接種によりすでに流行が阻止されている。日本では、1966年の2,017人をピークに減少し、1992年以降、発生数は毎年10人以

下であり、そのほとんどが高齢者であった。厚生労働省は都道府県の保健所と協力して、毎年、ブタの日本脳炎ウイルス抗体獲得状況から、間接的に日本脳炎ウイルスのまん延状況を調べている。それによると、毎夏、日本脳炎ウイルスを持ったコガタアカイエカは発生しており、国内でも感染の機会はなくなっていない。日本脳炎は、フラビウイルス科に属する日本脳

図5　コガタアカイエカ（メス、国立感染症研究所昆虫医科学部提供）

炎ウイルスに感染しておこる。ヒトからヒトへの感染はなく、ブタの体内でいったん増えて血液中に出てきたウイルスを蚊が吸血し、その上でヒトを刺した時に感染する。ブタは、特にコガタアカイエカに好まれること、肥育期間が短いために、毎年、感受性のある個体が多数供給されること、血液中のウイルス量が多いことなどから、最適の増幅動物となっている。ヒトで血中に検出されるウイルスは一過性であり、量的にも極めて少なく、自然界では終末の宿主である。また、日本脳炎は不顕性感染率が高く、発病するのは100〜1,000人に1人とされている。

　日本脳炎の潜伏期は6〜16日間とされる。本症の定型的な病型は髄膜脳炎型であるが、脊髄炎症状が顕著な脊髄炎型の症例もある。典型的な症例では、数日間の高い発熱（38〜40℃あるいはそれ以上）、頭痛、悪心、嘔吐、眩暈などで発病する。小児では腹痛、下痢を伴うことも多い。これらに引き続き急激に、項部硬直、光線過敏、種々の段階の意識障害とともに、神経系障害を示唆する症状、すなわち筋強直、脳神経症状、不随意運動、振戦、麻痺、病的反射などが現れる。死亡率は20〜40％で、幼少児や老人では死亡の危険は大きい。精神神経学的後遺症は生存者の45〜70％に残り、小児では特に重度の障害を残すことが多い。

　近年、コガタアカイエカのミトコンドリアDNAのcytochrome oxidase subunit I 遺伝子の解析により、国内にも大陸の遺伝子型をもつコガタアカイエカの存在

が明らかになった。コガタアカイエカの高い飛翔能力が明らかになり、気象情報をもとにした解析を行った結果、大陸から飛来することが知られるウンカ類と同様に、コガタアカイエカも初夏に下層ジェット気流を利用して東シナ海を渡ってきていることが示唆された（澤辺 2014）。

　これまで、日本脳炎ウイルスの冬季の生態はほとんどわかっておらず、どのように日本脳炎ウイルスが越冬しているのかが謎であった。コガタアカイエカは、その生理的な現象から日本脳炎ウイルスの越冬に関与しないだけでなく、蚊自身が越冬可能な地域も限られている。

　日本脳炎ウイルスは、その C-prM 遺伝子領域による分子系統解析およびそのウイルスの分離地をもとに 4 つの遺伝子型（1 〜 4）に分類される。日本国内の日本脳炎ウイルスの遺伝子型は従来 3 型に属するとされていた。しかし、1994 年頃を境に 3 型からタイ北部の株に属する 1 型と交代している「ジェノタイプシフト」が明らかになり、日本脳炎ウイルスが海外から持ち込まれた可能性が示唆された（Ma et al. 2003）。また、その後の国内に分布する日本脳炎ウイルスの遺伝子型の調査より、1 型をさらに細かく亜型に分類して大陸の 1 型亜型と比較すると、日本にのみ存在する亜型と、大陸の亜型が存在することがわかった。さらに 2008 〜 2014 年に長崎県五島と諫早の豚やコガタアカイエカから分離した日本脳炎ウイルスの遺伝子型を調べ、大陸（中国）、台湾、沖縄の遺伝子型と比較したところ、年により異なる大陸の遺伝子型が検出された。しかし、台湾や沖縄では比較的同じ遺伝子型が毎年検出されており、長崎は大陸から頻繁に日本脳炎ウイルスが入っていることが示された（Yoshikawa et al. 2016）。これらのことは、海外より侵入する日本脳炎ウイルスはウイルスを保有したコガタアカイエカの長距離飛翔によって海外から運ばれてくる可能性が高いと推察された。さらに、2008 年 12 月に捕獲されたイノシシの血液から近年のアジアの流行株である 1 型日本脳炎ウイルスが分離された（高崎ほか 2009）。これらのことから、国内の日本脳炎ウイルスの越冬については、毎年コガタアカイエカによって海外から入ってくる日本脳炎ウイルスと、イノシシが保有する日本脳炎ウイルスおよびイノシシに関わるほかの節足動物の関連が推測されている。日本脳炎ウイルスは、これまで一般的に考えられていた鳥−コガタアカイエカ−ブタ以外にも様々な生活環を保持していることが示され、

多角的な研究が必要となってきた。

　日本で日本脳炎の患者が1960年代に比べて大幅に減少しているのは、水田などが減少してコガタアカイエカの生息環境が減ったことや、網戸やエアコンが普及しヒトが吸血されにくくなったこともあるが、日本脳炎ワクチンの接種が進んだことが大きな要因である。現在使われているワクチンは、日本脳炎ウイルス遺伝子型3型で製造されたものだが、国内の遺伝子型が1型に置き換わった現在でも、引き続き有効なことが分かっている。しかし、今後も引き続き大陸から日本脳炎ウイルスが侵入するので、いずれワクチンの効かないウイルスが国内に入ってくる可能性がある。そのためには、世界的な遺伝子型の変異を監視していく必要がある。薩南諸島では長崎ほど頻繁かどうかはわからないが、大陸からコガタアカイエカも日本脳炎ウイルスも侵入していると考えられる。

　ウシヌカカやコガタアカイエカは風に乗って大陸からやってくるが、2015年に奄美大島などで確認されたミカンコミバエ（*Bactrocera dorsalis*）も台湾・フィリピンなどの発生地域から風に乗って飛来したと考えられる。これらの風に乗ってやってくる昆虫は、ヒトに関連して侵入する外来種と違い、基本的に侵入を止めることができない。それがゆえに、常に侵入してくる前提で、侵入後の対策をあらかじめ立てておく必要がある。

4　デング熱を媒介する蚊

　2014年に東京の代々木公園を中心としてデング熱が流行し、感染者は162人となった。デング熱の輸入症例は毎年200例ほどあったが、国内で感染する流行がおこるのは70年ぶりであった。

　デング熱はフラビウイルス科のデングウイルスが蚊に媒介されて起こる。デングウイルスに感染してからデング熱が発症するまでの潜伏期間は2〜14日。ウイルスに感染してもデング熱を発症しない人もいるが、発症した場合には、38℃以上の高熱や頭痛、筋肉痛、関節痛などの症状が現れる。また、体に赤い小さな発疹が出ることもある。さらに、患者の一部において突然、血漿漏出と出血傾向を主症状とする重篤なデング出血熱となる場合がある。デング熱ウイ

ルスには4つの型があり、二度目の感染が異なるウイルス型の時に、デング出血熱になる確率が高くなるといわれている。

国内でデング熱を媒介するのはヒトスジシマカ（*Aedes albopictus*）（図6）である。ヒトスジシマカは国内では東北より南に普通に分布する蚊であり、薩南諸島のすべての有人島にも分布している。近年、国内でもその分布域の北限を伸ばしている（Kobayashi et al. 2002）。日本での流行は、海外の流行地でデング熱ウイルスに感染したヒトが国内に入り、その感染者からヒトスジシマカがほかのヒトに媒介し

図6　ヒトスジシマカ（メス、国立感染症研究所昆虫医科学部提供）

たと考えられている。つまり、ヒトスジシマカが分布している地域は、薩南諸島を含めて、2014年の代々木公園のようなデング熱の流行が起こっても不思議ではない。

国内のデング熱媒介蚊はヒトスジシマカだが、世界的にはネッタイシマカ（*Ae. aegypti*）（図7）が主要な媒介蚊である。デング熱が多く発生する東南アジアではネッタイシマカは都市部に分布し、ヒトスジシマカは郊外に分布している。このような棲み分けになっているのは、それぞれの蚊の起源によるところがある。ネッタイシマカはもともとアフリカの森林で野生動物を吸血して樹洞などで発生していた。それらのネッタイシマカは現在でも *Ae. aegypti formosus* としてアフリカの森林部に存在する。Tabachnick（1991）の学説によると、起源前2000年ごろ乾燥したサハラ砂漠によって隔離された北側の一部は、人吸血性や屋内やその周辺の人工容器で発生できる性質を獲得

図7　ネッタイシマカ（メス、国立感染症研究所昆虫医科学部提供）

した。これは *Ae. aegypti aegypti* で、現在世界に広がっている都市型のネッタイシマカである。その後、この都市型のネッタイシマカは世界的な貿易が進むにつれて世界各地に広がっていく。ヨーロッパに侵入したのち、紀元1世紀にはインド亜大陸、8世紀には西アフリカ、15〜18世紀には新大陸に運ばれた。東南アジアには19世紀半ばに到達し、その後日本にも侵入したと考えられている。現在の日本にはネッタイシマカは分布していないが、かつては沖縄や小笠原に分布していた。沖縄でデング熱が流行した1931年の那覇の人家周辺の調査では、採集された蚊のうち、ネッタイシマカが87.7％、ヒトスジシマカが8.0％という記録がある（宮尾1931）。また、熊本県天草には1944〜1952年に採集記録がある。

　一方、ヒトスジシマカは東南アジアの森林を起源と考えられている。ヒトスジシマカも人工容器発育性、ヒト吸血性を獲得して都市にも広がっていったが、樹洞発育性、屋外吸血性は維持された。さらに、寒耐性、短日休眠性を獲得して日本などの温帯へと分布を広げていった。20世紀に入って、太平洋の島々、マダガスカルに侵入し、1985年には北米のヒューストンに侵入していった。このヒトスジシマカは、日本から輸出する古タイヤについた卵によって北米へ侵入したと考えられている。その後も、南米、ニュージーランド、オーストラリア、ヨーロッパ、アフリカと現在でもその分布域を拡大している。

　このネッタイシマカとヒトスジシマカは拡大域の最前線では、時に同所性を示し、この2種間、または地元に存在していた近縁種と攻防が行われている。ハワイでは1830〜96年ごろにネッタイシマカとヒトスジシマカが同時に移入していった。1892年ごろまではネッタイシマカが全盛を極めていたが、1943〜44年にはほとんどヒトスジシマカに置き換わり、その後ネッタイシマカは絶滅している。日本の沖縄では第二次世界大戦前後はネッタイシマカとヒトスジシマカが普通に存在していたが、その後ネッタイシマカは減少し、ヒトスジシマカに置き換わっていった。1970年の石垣島での採集を最後に国内での記録はない。

　ネッタイシマカは実験的には幼虫の発育が可能な最低温度は10℃付近であるため、過去に生息していた沖縄はもちろん、奄美群島などの亜熱帯地域では、何らかの形で侵入すれば定着する可能性はある。成田国際空港や羽田空港で行

った国際線航空機内の調査で、ネッタイシマカ成虫がそれぞれ4回、1回採集されたことがあり、2012年には成田空港内に設置した産卵用トラップから多数のヤブカの幼虫が採集され、実験室内で飼育したところ27個体のネッタイシマカ成虫が羽化した（Sukehiro et al. 2013）。関東地方は冬季の気温が低いため、それらのネッタイシマカが飛行機や空港ビルを出て越冬することはないが、気温的には越冬が可能な奄美群島では空港や港湾の警戒が必要となる。

　台湾では2010年以降、約600～1500人で推移していたデング熱の感染者が2014年は約1万5000人と大流行し、29人が死亡した。2015年はさらなる大流行がおこり、4万人を超える感染者と200人を超える死者を記録した。台湾でのデング熱は南部・高雄市を中心に起こっている。この要因として、北回帰線を境界として南部は熱帯モンスーン気候になり、台湾南部にネッタイシマカが分布していることが挙げられる。北部の台北などにはデング熱媒介蚊としてはヒトスジシマカのみなので、南部ほどの大流行は起こっていない。ネッタイシマカはヒトスジシマカに比べて、中腸で増殖したデング熱ウイルスが唾液腺に入りやすいことから、デング熱ウイルスの感染能力が高い（Chen et al. 1993）。また、ヒトスジシマカは屋内には侵入せずにヒト以外の鳥なども吸血するのに対し、ネッタイシマカは屋内に侵入してヒトを好んで吸血するため、デング熱ウイルスをヒトからヒトへ効率的に伝搬すると考えられる。このように、ネッタイシマカが台湾、特に南部でのデング熱の大流行に影響していることは明らかである。

　台湾で起こっているデング熱の大流行は、一部が亜熱帯に含まれる薩南諸島にとって、決して対岸の火事ではない。ネッタイシマカの侵入阻止を行政機関に任せるだけではなく、一般市民もデング熱媒介蚊の発生源となる住宅周辺の水たまり（空き缶や空きビンやペットボトルなどの容器、植木鉢の水受け皿、バケツの残り水、雨よけシートのくぼみ、お墓の花立、雨水マスなど）をなくす普段の行動が重要となってくる。また、海外のデング熱流行地を訪れる際は、長袖・長ズボン・忌避剤などで蚊に吸血されないよう注意が必要である。帰国後に熱が出るなどした場合は、速やかに病院に行き、流行地から帰国したことを医師に告げて診察をしてもらい、自らが日本国内でのデング熱ウイルスの感染源にならないよう注意するべきである。

引用文献

Chen WJ, Wei HL, Hsu EL, Chen ER (1993) Vector competence of *Aedes albopictus* and *Ae. aegypti* (Diptera: Culicidae) to dengue 1 virus on Taiwan: development of the virus in orally and parenterally infected mosquitoes. Journal of Medical Entomology 30(3): 524-530

ゴケグモ類の情報センター（2016）昆虫情報処理研究会 http://www.insbase.ac/xoops2/modules/bwiki/. Accessed 30 November 2016

鹿児島県（2015）特定外来生物「ハイイロゴケグモ」「セアカゴケグモ」に注意しましょう！ https://www.pref.kagoshima.jp/ad04/kurashi-kankyo /kankyo/yasei/gairai/gokegumo.html. Accessed 30 November 2016

鹿児島市（2015）特定外来生物「ハイイロゴケグモ」にご注意. https://www.city. kagoshima.lg.jp/kankyo/kankyo/hozen/haiirogokegumo.html. Accessed 30 November 2016

Kobayashi M, Nihei N, Kurihara T (2002) Analysis of northern distribution of *Aedes albopictus* (Diptera: Culicidae) in Japan by geographical information system. Journal of Medical Entomology 39(1): 4-11

Kobayashi T, Yanase T, Yamakawa M, Kato T, Yoshida K, Tsuda T (2007) Genetic diversity and reassortments among Akabane virus field isolates. Virus Research 130(1): 162-171

Ma SP, Yoshida Y, Makino Y, Tadano M, Ono T, Ogawa M (2003) Short report: a major genotype of Japanese encephalitis virus currently circulating in Japan. The American Journal of Tropical Medicine and Hygiene 69(2): 151-154

宮尾 績（1931）昭和6年夏沖縄県下に流行せるデング熱に就いて. 海軍軍医学会誌 20(6): 564–580

Ono H (1995) Records of *Latrodectus geometricus* (Araneae: Theridiidae) from Japan. Acta Arachnologica 44(2): 167-170

Rai KS (1991) *Aedes albopictus* in the Americas. Annual Review of Entomology 36(1): 459-484

澤辺京子（2014）日本脳炎ウイルスの国内越冬と海外飛来. 化学療法の領域 30: 39-49

清水裕行・金沢 至・西川喜朗（2014）日本のゴケグモ類5種の分布状況とセアカゴケグモの分散方法に関する考察．Bulletin of the Osaka Museum 68: 41-51

Sukehiro N, Kida N, Umezawa M, Murakami T, Arai N, Jinnai T, Inagaki S, Tsuchiya H, Maruyama H, Tsuda Y (2013) First report on invasion of yellow fever mosquito, *Aedes aegypti*, at Narita International Airport, Japan in August 2012. Japanese Journal of Infectious Diseases 66(3): 189-194

Tabachnick WJ (1991) Evolutionary genetics and arthropod-borne disease: the yellow fever mosquito. American Entomologist 37(1): 14-26

高崎智彦・小滝 徹・倉根一郎・澤辺京子・林 利彦・小林睦生（2009）冬季に捕獲されたイノシシからの日本脳炎ウイルスの分離．IASR 30: 156–157

梁瀬 徹（2015）アカバネ病．日獣会誌 68：674-676

Yoshikawa A, Nabeshima T, Inoue S, Agoh M, Morita K (2016) Molecular and serological epidemiology of Japanese encephalitis virus (JEV) in a remote island of western Japan: an implication of JEV migration over the East China Sea. Tropical Medicine and Health 44: 8, doi 10.1186/s41182-016-0010-0

吉田政弘（2001）侵入毒グモの分布拡大・防除に関する研究．Makoto 120, 大阪防疫協会, 東大阪

第5章
薩南諸島の外来種としての昆虫たち

金井　賢一

　著者は 2005 年 4 月から 2010 年 3 月まで、奄美大島に高校教諭として赴任し、その際にクマゼミ、デイゴヒメコバチ、クロボシセセリなど、分布拡大中の侵入昆虫について調査した。また、2010 年 4 月から 2016 年現在まで鹿児島県立博物館に勤務しており、薩南諸島の調査を継続している。この期間に様々な体験をし、また多くの知人から情報を得た。今回、この経験の中で得られた情報をもとに、薩南諸島における外来昆虫についていくつか触れてみたい。

　なお、外来種とは「過去あるいは現在の自然分布域外に導入（人為によって直接的・間接的に自然分布域外に移動させること）された種、亜種、あるいはそれ以下の分類を指し、（以下略）」とされている（日本生態学会 2002）。ある地域には自然飛来したとしても、原産地から分布が拡大する過程で人により運搬されたならば外来種として扱うが、昆虫において正確に外来種と断言するのは難しい。昆虫は自発的に、あるいは気象要因によって、人の手によらずに移動分散する例も多くあり、新しい地域へ侵入した際に、それを完全に否定するのが困難である。したがって、今回は「外来種として非常に疑わしい昆虫」と、「今後注意しておきたい外来種になりそうな昆虫」について述べることを、まずお断りしておく。

1　デイゴヒメコバチ

(1) はじめに
　デイゴヒメコバチ *Quadrastichus erythrinae* は、マメ科のデイゴ *Erythrina*

variegatea などの葉や新芽に産卵し、幼虫やサナギが虫こぶ（ゴール）を作り（口絵参照）、羽化・脱出する膜翅目（ハチ目）ヒメコバチ科の小さなハチで、2004 年に記載された種である（Kim et al. 2004）。オスは体長 1.2mm、メスは体長 1.4mm 程度の非常に小さなハチである（図 1）。国内では 2005 年 5 月に初めて沖縄県石垣島のデイゴでゴールが発見された（Uechi et al. 2007）。2008 年の時点では香港、中国、アメリカ合衆国ハワイ州（Gramling 2005）、インド（Faiza et al. 2006）、タイ、フィリピン、サモア、グアム（Heu et al. 2006）、シンガポール、モーリシャス、レユニオン（Kim et al. 2004）、台湾（Yang et al. 2004）、ベトナム（Uechi et al. 2007）で発見されていた。赤道を中心にして分布が急速に東に拡大していた。

図 1　デイゴヒメコバチ成虫（左メス，右オス）
松比良邦彦氏撮影

（2）奄美大島・徳之島に侵入した当初の様子

2005 年 12 月に奄美大島の中南部（西仲間、蘇刈、手安など）で行われた調査では本種のゴールは発見できなかったが（Uechi et al. 2007）、2006 年 12 月に奄美市名瀬で著者らが発見した後、2007 年 2 月までの間に奄美大島、徳之島を調査したところ、広い範囲で分布が確認された（金井ほか 2008）。その様子を以下に示す。

2006 年 12 月 23 日から 2007 年 1 月 14 日までの 5 日間、奄美大島本島の奄美市、大和村、宇検村、瀬戸内町、龍郷町を回り、学校やホテル、道路脇のデイゴ 388 本（樹高 1 ～ 6 m）を見つけて、デイゴヒメコバチのゴール形成による加害の有無を調査した。調査結果には、地域のまとまりを表すのに適切と考えられる旧市町村名（笠利町、名瀬市、住用村など）を用いた。なお、奄美大島本島では、アメリカデイゴ *E. crista-galli* とサイハイデイゴ *E. speciosa* はほとんどなかったので、調査対象とはしなかった。デイゴでの調査に当たり、各調査木での本種の発生程度を以下のような基準で 5 段階（I ～ V）に分けて記録した。

Ⅰ：ゴールが形成されていない。
Ⅱ：葉や葉柄にゴールが形成されているが、ゴール形成部位より健全部位が多い。
Ⅲ：全体的に葉が茂っているが、ゴールはすぐに目に付く。健全部位よりゴール形成部位が多い。
Ⅳ：落葉した枝が目に付く。残存葉のほとんどがゴール化している。
Ⅴ：木全体が枯れており、葉がほとんどない。

2007年2月10～11日には、徳之島の徳之島町、伊仙町、天城町でも同様の調査を行った。徳之島では、デイゴ以外にアメリカデイゴ（樹高2～6 m）のまとまった植栽がみられたので、それも含めた138本を調査対象とした。

奄美大島の結果を図2に、徳之島の結果を図3にそれぞれ示す。

奄美大島で調査した388本のデイゴのうち、323本（83.2%）にはデイゴヒメコバチのゴールは見つからなかった。しかし、残りの65本（16.8%）では、本種の発生程度IIが46本（11.9%）、発生程度IIIが15本（3.9%）、発生程度IVは見られず発生程度Vが4本（1%）であった（図2）。程度こそ違え、ゴール形成による加害木は、調査したどの市町村でも見つかった。とくに発生程度III以上の加害木が見つかったのは、奄美大島西南部に位置する宇検村の焼

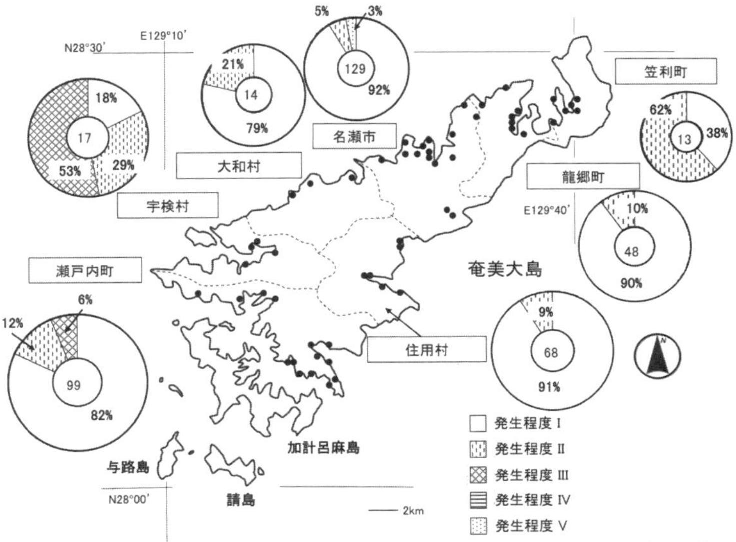

図2　奄美大島でのデイゴヒメコバチの被害状況（2006年12月～2007年1月）
●は観察したデイゴの位置を示す。点線で分けられた旧市町村ごとに区分して結果をまとめた。円グラフの中心の数字は観察したデイゴの本数を示し、円グラフの％は、その本数に対する各発生程度の割合を示している。金井ほか（2008）を改変

内湾奥にある湯湾運動公園（4本）と名柄の道路沿いの公園（5本）、瀬戸内町古仁屋須手にある二本松公園(6本)であった。これらのうち古仁屋のデイゴは、2006年に名柄にある農場から移植されたものである（前田 私信）。

徳之島ではアメリカデイゴ21本を含む138本を調査した。ゴールのなかった木は20本（14.5％）、発生程度IIは52本（37.7％）、発生程度IIIは5本（3.6％）、発生程度IVは47本（34.1％）、発生程度Vは14本（10.1％）であった（図3）。どの地域でも発生程度IVが観察されたことや、徳之島町南部ではすべてのデイゴが加害されていたことなど、奄美大島に比べて加害が進んでいる状況が見られた。

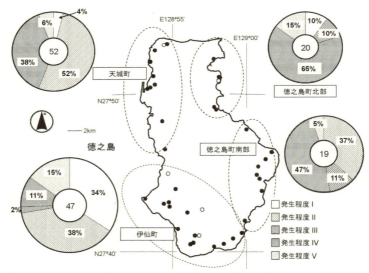

図3　徳之島でのデイゴヒメコバチの被害状況（2007年2月）
●は観察したデイゴ、○はアメリカデイゴの位置を示す。点線で囲んだエリアごとに区分して結果をまとめた。円グラフの数字と％の意味は、図2と同じである。金井ほか（2008）を改変

2005年12月に行われた奄美大島の調査では、本種による加害木が発見されていなかったので、奄美大島へはそれ以降に侵入したと考えられる。徳之島では2006年以前の調査が行われていないので、いつ頃侵入したのかは不明だが、発生程度が奄美大島よりかなり進んでいることから、本種の侵入は奄美大島よりも早い時期であった可能性が高い。沖縄県では、2004年以前には加害は

なかったと考えられること（Uechi et al. 2007）から、徳之島への侵入も、2005〜 2006 年であったと推察される。

　奄美大島や徳之島では、本種の発生が植栽後かなり時間が経過したと考えられる樹高 6 m 以上のデイゴで見つかったことから、島内におけるデイゴヒメコバチの分布拡大は、デイゴの移植に伴うよりも、むしろ成虫の飛翔・分散によるものと思われた。また、両島とも発生程度 II のデイゴが多く見つかっていることから、本種は低密度ながら広く分布している現状が明らかとなった。このことは、本種が何度も繰り返し島の様々な地域に侵入したか、あるいは限られた地域に侵入した個体群の一部がその場所で高密度になるのを待たず、活発に移動・分散した可能性を示唆している。確たる証拠は得られていないが、島に侵入後 1 〜 2 年以内に多くの地域で発見され、場所によっては高密度に達している状況から判断して、多回侵入と低密度条件における活発な移動・分散の両方が、両島で急速に発生拡大をもたらした要因の一つと考えられる。

(3) その後の広がりと影響

　2007 年はじめに調査して以来、著者は奄美大島全島的な調査をしていないが、鹿児島県森林技術総合センターの岩氏らが継続して調査した（岩ほか 2011）。それによると、2007 年から 2008 年にかけて主要県道沿いに植栽されているデイゴ、カイコウズ E. pulcherrima（一般にアメリカデイゴ E. crista-galli と区別できておらず、本稿でも区別していない）の被害状況を目視で行ったところ、奄美大島全体で 2007 年夏の被害率 6.9％から 2008 年冬の被害率 55.3％と、急激に被害本数が増加した。

　著者も 2010 年に奄美大島を離れるまでに十分注意していたが、全島域において健全木を探すのが困難なほど、広範囲に分布が広がった。当時はまだ枯死するデイゴに気づかなかったが、2011 年には公園や道路脇のデイゴが枯死し、撤去され始めていた（図 4）。

　2012 年に訪れた喜界島でも、校庭のデイゴの樹皮がぐるりとはがれ、枯死している状況が確認された。また、2013 年沖永良部島、2014 年与論島でも、やはりデイゴにゴールが形成されているのを確認した。

　ただし、岩ほか（2011）の中でもクロチアニジン水溶液を用いた防除実験

図4　輪内公園（奄美市名瀬朝日町）のデイゴ　左は2006年、右は2011年の様子。12本生えていたデイゴが、切り倒され始めていた。2015年には全てなくなっていた

が始められており、その他空中散布、樹幹注入、株元土壌散布などの防除技術が開発され、年々防除の成果が上がっているようである（例えば、喜友名2013）。奄美大島を離れる2010年には開花するデイゴを見ることはなくなっていたが、2016年5月に訪れた笠利町で久しぶりにデイゴの花を見て、防除の成果を実感することができた（口絵参照）。

　この地域のデイゴヒメコバチはアジア熱帯・亜熱帯にわたる大きな個体群の一部で、たとえ一時的に根絶したとしても再度飛来して定着することは容易に想像できる（松尾 2016）。この松尾によれば、デイゴヒメコバチの被害を皆無にするのではなく、問題にならない程度の被害ならば許容するという考え方に変えることが必要になる。ハワイではデイゴカタビロコバチ *Eurytoma erythrinae* という、デイゴヒメコバチのゴールを攻撃する天敵を生物農薬として放飼し、高い防除効果を示した（State of Hawaii 2016）。現在沖縄県ではこのデイゴカタビロコバチの室内試験が始まっている（松尾 2016）。

　デイゴやアメリカデイゴは本来園芸植物として導入された外来種であり、デイゴヒメコバチも急速な世界的分布の広がりから見て外来種であろうと思われる。外来種同士の戦いではあるが、加計呂麻島諸鈍集落のデイゴ並木は瀬戸内町の文化財に指定されているなど、人々の思い入れのあるデイゴに対して、あるいは被害木が倒れるなどにより安全が脅かされないようにするためにも、対策を施すことは必要である。

(4) 奄美大島以北は大丈夫か？

デイゴは奄美大島・喜界島よりも北には見られず、アメリカデイゴやサンゴシトウ *E. × bidwillii* がトカラ列島以北に植栽されている。特に鹿児島県はカイコウズ（アメリカデイゴ）を県木に昭和41年（1966年）指定しており、指宿市などの暖かい地域では特に多く見られる。

著者は2010年に屋久島で16本のアメリカデイゴを観察したが、デイゴヒメコバチによるゴールは形成されていなかった（金井 2011）。また、下記のようにトカラ列島でも観察しているが、ゴールは発見されていない（金井 未発表）。

・2012年4月15日　　：中之島　　サンゴシトウ1本
・2012年5月1日　　　：宝島　　　アメリカデイゴ1本
・2012年10月13日　　：平島　　　アメリカデイゴ3本
・2013年4月20日　　：諏訪之瀬島　サンゴシトウ1本

非常に軽く、風により簡単に運ばれると予想されるデイゴヒメコバチがトカラ列島以北でなぜ発生しないのか、理由は分からない。一つ気になっているのは、アメリカデイゴに形成されるゴールは、デイゴに形成されるものに比べて非常に小さく、脱出口も1～数個しかないことである（図5）。デイゴとアメリカデイゴでは、寄生されやすさ、被害の大きさでもアメリカデイゴの方が低いという報告がある（Messing et al. 2009）。しかし大量に飛来すれば、広く加害し定着する可能性がある。今後も注意しておく必要があるだろう。

図5　アメリカデイゴに形成されたゴール。デイゴに形成されるものに比べて、非常に小さい

2 クマゼミ

(1) はじめに

　クマゼミ *Cryptotympana facialis* は南西諸島に広く分布するにもかかわらず、奄美大島、徳之島、喜界島の3島には生息していないことが1987年に指摘された（福田1987）。しかし、その後1990年代に入ってから奄美大島で新産地が発見され、これらは沖縄などからの人為的な樹木の搬入による可能性が高いとされた（福田・森川1999）。その後も福田・森川は2003年、2004年、2005年の7月に奄美大島で調査し、2005年には著者も奄美市名瀬に移り住んだ。加えて奄美大島南部では前田芳之氏、小溝克己氏の情報が寄せられた。2000年代からクマゼミの記録が現れた徳之島では、岡崎幹人氏が調査結果を報告した（岡崎2005）。さらに喜界島では2010年代になって定着が確認された。このような状況を踏まえて、奄美大島、徳之島、喜界島に定着したクマゼミの様子をまとめてみたい。

(2) 奄美大島でのクマゼミの記録

　福田らは、2005年現在での奄美大島でのクマゼミの記録をまとめ、報告した（福田ら2006）。その中に奄美大島での記録地を示した（図6）。散発的な記録はあるものの、安定して複数年記録があるのは北部の旧笠利町、中央の旧名瀬市、南部の瀬戸内町と、分断されている。飛翔能力から考えても、クマゼミの成虫が海を越えて飛来し、奄美大島に到達したとは思えない。幼虫時代に樹木と一緒に持ち込まれたのであれば、2005年当時はまだ分布が広がらずに、持ち込まれた地域で発生を繰り返していた頃と思われる。

　興味深い記録に、1993年浦上の抜け殻というものがある（田畑1994）。このあと1994年から2002年まで記録がなかったことから、侵入後まもなく、毎年発生できる状態ではなかったと思われる。大阪では温室内で実験的にクマゼミの卵を孵化させると、8年目をピークに3年後から9年後にかけて、羽化する個体がばらけたという（沼田・初宿2007）。つまり、もしごく少数の同じ齢期の幼虫が樹木とともに運ばれてくると、羽化する年と羽化しない年を繰り返し

第5章　薩南諸島の外来種としての昆虫たち

図6　奄美大島におけるクマゼミの記録地（福田ほか 2006 より引用）
●は複数年の記録がある地域、○は単発的な記録地、数字は初発見年を示している

ながらだんだんとずれが生じ、毎年クマゼミが鳴く環境になっていくと予想される。もちろん、持ち込まれた際に様々な齢期の幼虫がいれば、毎年のように発生する地域が突然現れることになる。このような傾向は、2000年代にクマゼミが定着し始めた徳之島でも見られたので、後述する。

　2005年に著者が調査した際には、限られた範囲内にかなりの個体数が確認できる地域が増えていた。福田・森川が丹念に個体数の記録を取っていた1990年代後半とは異なり、数えられないほどのクマゼミが鳴いているエリアが瀬戸内町清水、名瀬市浦上、笠利町用岬で見られ始めた時期である。

(3) 奄美大島での羽化消長

　2006年に奄美市名瀬朝日町にある輪内公園（図4左）にて、デイゴおよびその木を支える支柱におびただしい数の羽化殻が付いているのを発見し、2007年には日ごとの羽化数を計測した。悪天候でない限り、毎朝輪内公園に通い、12本のデイゴおよびその支柱、隣接する生垣などにある抜け殻を回収した。6

月29日から7月27日まで調査し、総計619個の抜け殻を回収することができた（金井 2008）。その抜け殻を雌雄に分けて数え、羽化数の変化を示したものが図7である。

クマゼミの鳴き声のピークが8月の盆頃にある鹿児島県本土と異なり、奄美大島ではクマゼミの発生が6月下旬から始まり、8月上・中旬には鳴き声が聞こえなくなる。図7では発生初期にオスが多数羽化し、オスの羽化ピークから約10日遅れてメスの羽化ピークが見られる。7月13日から14日にかけては台風が上陸し調査できなかったが、15日の朝には多数の死体が公園内に散らばっていた。その後に羽化したオスはライバルが少ない中で多くのメスと交尾することができたと思われる。

なお、奄美市市役所で確認したところ、輪内公園の整備は1989年12月から1990年3月にかけて行われたことが判明し、公園のデイゴやアカリハなどの南方系植栽樹木がどこから運ばれてきたかについては確認できなかった。

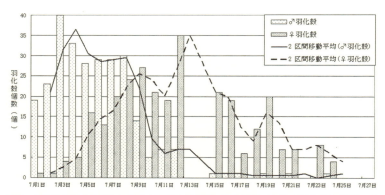

図7　2007年輪内公園におけるクマゼミ雌雄別の羽化消長（金井 2008 より引用）。各調査日に確認された羽化殻を雌雄別に示した。雌雄ごとの推移が分かるように、2区間移動平均で消長を示した。オスの羽化ピークは7月3日、メスの羽化ピークは7月12日であった

(4) 2005年以降の奄美大島の状況

奄美大島に赴任したばかりの2005年は精力的に分布調査を行ったが、年々クマゼミの鳴き声が聞かれる地域が増えてきて、2009年には職場であった大島高校（奄美市名瀬安勝町）でもうるさいほどに鳴くようになった。それに伴

い分布調査も行わなくなったが、2009年には龍郷町の浦でも聞かれるようになり、北部笠利地区と中央名瀬地区との境目がなくなっていた。2010年からは発生時期に奄美大島に出かける機会がないが、瀬戸内町在住の前田芳之氏によれば、旧住用村地区でも聞かれるようになったらしい（前田 私信）。また、2009年に初めて東シナ海側の大和村恩勝で鳴き声を聞いたという山室一樹氏によれば、2016年には大和村恩勝と大和浜では毎年聞かれるようになり、戸円集落でも鳴き声が聞かれるように分布が広がっているとのことである（山室 私信）。すでに奄美大島の夏は、喧噪なクマゼミの鳴き声が一般的になってしまったようである。

(5) 徳之島の状況

　多くの記録が見られるようになったのは2003年からである。これは徳之島に鹿児島昆虫同好会会員の岡崎幹人氏が移住され、観察し始めた影響が大きい。しかし、当時は様々な場所で1頭鳴いているのを確認したという記録がほとんどで（例えば、岡崎2004）、侵入後間もないと思われる。

　著者も2005年8月7日〜10日に岡崎氏を頼り、徳之島を調査した。この時に天城町北部の岡前運動公園にて2オスを採集し、徳之島町北部の畦海岸にて1メスを採集した。しかし、非常に局地的な発生であった。この時までの記録を図8（福田ら2006）に示す。

　翌2006年8月に再び徳之島を訪れたが、畦海岸では鳴き声も抜け殻も見つけられなかった。これは年によって発生しない時期がある、移入当初の状況と予想された。岡前の運動公園では多数が観察され、ギンネムの枝に産卵痕も見られた（図9）。この地域は徳之島で一番安定した発生地となっていた。以後徳之島での調査を著者は行っていないが、減少・消

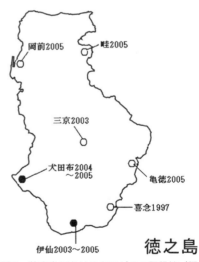

図8　徳之島におけるクマゼミの記録地（福田ほか2006より引用）

図9 クマゼミの産卵痕
（2017年徳之島天城町岡前にて採集）

滅したという報告はなく、定着していると思われる。

(6) 喜界島での発見と定着

　喜界島で初めてクマゼミが記録されたのは2008年である（吉行・松比良2009）。湾小学校に1頭落下していたものを拾ったものである。その後、記録はなかったが、2012年7月17日に喜界小学校（旧湾小学校）脇の神社で多数の個体が合唱しているのを著者が確認し、2オスを採集した。同日、喜界中学校の生徒達と島内をバスで巡りながらセミの鳴き声調査をしたところ、湾、赤連、坂嶺の3地点で、クマゼミの鳴き声を聞いたという報告があった（金井2013）。侵入した経緯に関しては全く分からないが、定着していくものと思われる。

(7) なぜ奄美大島周辺に分布していなかったのか

　奄美大島（加計呂麻島、請島、与路島を含む）、徳之島、喜界島に、なぜ元々クマゼミがいなかったのか。この原因については今となっては確かめる方法がない。生存を許さなかった環境が緩和されたとは考えにくい。捕食者や土壌成分などで、我々の想像のつかないような劇的変化が1990年代から起こっていたと考えるのも無理があるだろう。これらの島々が形成されていく過程で、地史的に到達できなかったとすれば、ほかにもそのような動物群が見られるのか、著者には分からない。偶然という一言で済ませるには、非常にもったいない現象である。

3 クロボシセセリ

(1) はじめに

クロボシセセリ Suastus gremius は国外では台湾、中国（南部）、インドシナ半島、インド、マレー半島にわたる地域に名義タイプ亜種 gremius が、スリランカに亜種 subgriseus が、そして遠く飛びはなれてスンバ島、フローレンス島に亜種 chilon が分布する（白水 2006）。本種は 1973 年に石垣島、西表島で確認され、その後、南西諸島を北上した。この過程については、福田（2012）に詳しくまとめられている。2016 年現在、九州本土の鹿児島市中心市街地が北限となっている（例えば、金井 2016）。

(2) 北上の過程

福田がまとめた本種の北上の過程（図 10）を見ると、南から順に北上したかのように見えるが、そうではない。石垣島では 1973 年の初確認以後 1980 年には全島で見られるようになり、沖縄島では 1977 年に記録され始めた。しかし、八重山諸島の細かい島々を見れば、波照間島では 1984 年、由布島では 1988 年、与那国島では 1990 年、鳩間島では 1996 年にそれぞれ初確認されるなど、台湾から単純に北上してはいない（福田 2012）。

沖縄島で 1977 年に確認され、徳之島では 1985 年に確認されたが、その後、北上は一時止まり、奄美大島で初めて確認できたのは 13 年後

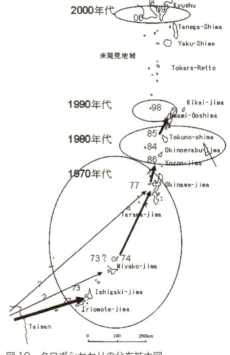

図 10 クロボシセセリの分布拡大図
（福田 2012 より引用）
各島の脇にある数字は、初記録の西暦下二桁を示している

の1998年である。その後2006年に薩摩半島南部の指宿市山川で記録され（田中ほか2007）、薩摩半島南部から鹿児島市市街地にかけて、および大隅半島南部に分布が広がったが、2016年現在、喜界島、トカラ列島、種子島や屋久島などの大隅諸島には侵入していない。

このように、クロボシセセリは自発的飛翔や気象条件により分布が拡大したのではなく、ヤシ類の移動運搬により海を越えて移動分散したように強く推測される。ビロウやシンノウヤシのような大きくて高価なヤシだけではなく、生け垣や鉢植えに使われるようなカンノンチクも幼虫は利用しており、これらの流通を把握することは不可能であろう。

(3) 2006年時点での奄美大島での分布

2005年に奄美大島に赴任した著者は、同年および翌2006年に奄美大島、加計呂麻島、請島、与路島を調査し、本種の分布（図11）を確認した（金井2008）。調査は主に公園や学校に植栽されているヤシ類および道路に面した自然植生のビロウやクロツグを対象に行い、卵や幼虫の作る巣を探した。

加計呂麻島は2005年のみ、請島は2006年のみの記録ではあるが、図の中で注目したいことは、①大和村西部、加計呂麻島北西部など、まとまってみられない地域がある、②山中に植栽されたビロウ（金作原林道、フォレストポリ

図11 2006年時点での奄美大島におけるクロボシセセリの分布（金井2008より引用）
図中●は2005年から2006年の調査でクロボシセセリの卵や幼虫が確認された場所。×はヤシ類があったにもかかわらず2005年に確認できなかった場所。○は2005年に確認できなかったが、その後の調査で新たに確認された場所。なお、市町村名は合併前のものである

ス）では発見されない、③宇検村の湯湾や宇検など、2006年に新たに侵入されたと思われる地域がある、という点である。①と②からは、陸つながりであってもクロボシセセリがなかなか侵入できない場所があると言うことを示している。特に山中に植栽されたビロウには、野生のヤシ伝いに到達できないようである。しかし、③のように新たに観察される地域が見つかることは、初記録の1998年から9年経った時点でも、分布を拡大させつつあるということも考えられる。

(4) 天敵

成虫がどのような天敵に捕らえられているのか、著者は調べたことがない。卵はタマゴヤドリバチの仲間 *Trichogramma* sp. によって寄生される（図12）。幼虫を飼育していて脱出してきた寄生者として、ヤドリバエの一種 *Senometopia prima* が複数頭得られ、同定された（図13）。また、キアシブトコバチ *Brachymeria lasus*（図14）も、1頭得られた（金井 2008）。

これらの寄生者のうち、クロボシセセリの個体数を抑えるように強く働いているのはタマゴヤドリバチであろう。学校などの植栽ヤシに多数産み付けられ

図12-14 クロボシセセリの寄生者

図12 タマゴヤドリバチが脱出したクロボシセセリの卵
図13 クロボシセセリのサナギから脱出したヤドリバエの一種
図14 クロボシセセリのサナギから脱出したキアシブトコバチ

た卵は、特に高率で寄生されていた。その影響を実際に測定することはできなかったが、2006年頃には繁華街の鉢植えのカンノンチクなどは全く葉がなくなるほど食害を受けていたが、2010年にはたくさんの葉を復活させていた。

　鹿児島県本土での寄生者はまだ調査していないが、安定して発生しているということは、これらの寄生者と共存している関係が築かれたと予想される。

4　クワガタムシ

(1) はじめに

　クワガタムシは子供たちのみならず、昆虫愛好家の中でも人気の高いグループである。そのため分布調査や生態研究なども離島の昆虫の中では比較的進んでいる。しかし、度が過ぎた採集行為が地元住民からの反発を招いたり、高い採集圧が個体数を減少させたり、さらには幼虫のすむ朽ち木の持ち出しなど、環境破壊につながったのも事実である。薩南諸島では十島村（2004年）および三島村（2006年）により昆虫の採集禁止が条例で制定され、2013年には奄

図15-18　奄美大島と徳之島のクワガタ類の保護指定種
図15　アマミマルバネクワガタ　　　図16　アマミシカクワガタ（大坪博文氏撮影）
図17　アマミミヤマクワガタ　　　　図18　ヤマトサビクワガタ（大坪博文氏撮影）

美大島と徳之島の全市町村でもアマミマルバネクワガタ（図15）、アマミシカクワガタ（図16）、アマミミヤマクワガタ（奄美大島のみ、図17）、ヤマトサビクワガタ（徳之島のみ、図18）が保護指定種となった。

このクワガタムシが外来種となる大きな要因の一つが、飼育・販売である（図19）。他地域から持ち込ま

図19　奄美大島で販売されていた外国産カブトムシ、クワガタムシ

れた個体が死ぬまで飼育されていれば問題ないが、野外に放棄されると定着する可能性がある。また、外国産でなくても国内の他地域から運ばれてきた個体でも問題は大きい。これは国内外来種として、新たな脅威となっている。

(2) 大隅諸島のノコギリクワガタ

ノコギリクワガタ *Prosopocoilus inclinatus* は北海道、本州、四国、壱岐、対馬、九州、大隅諸島（三島を含む）その他に分布しており、海外では朝鮮半島に分布する（岡島・荒谷 2012）。

このうち北海道から九州、種子島までの個体群は名義タイプ亜種 *P. i inclinatus* とされているが、大隅諸島ではそれぞれの島ごとに亜種が提唱されている（図20）。分布南限地帯にのみこのような細かい亜種が提唱されることに異論もあるが、大型のオス個体で比較すると外見上区別可能である（図21）。

この分布域内で、交通機関の流れはフェリーみしまによる鹿児島～竹島～硫黄島～黒島～枕崎、フェリー太陽による種子島～屋久島～口永良部島、そして鹿児島～屋久島、鹿児島～種子島がフェリーや高速船、飛行機などで結ばれている。この交通機関でクワガタム

図20　ノコギリクワガタの亜種分布図

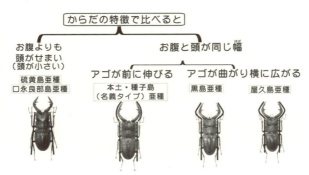

図21　ノコギリクワガタオスに見られる亜種間の違い
　　　図中で指摘した特徴の他に、体色なども区別に使われる

シやその幼虫を含む朽ち木などが運搬されれば、遺伝的に異なる集団が交雑する可能性がある。とくに夏休みに子どもたちが採集したクワガタなどを運んだり、学校の教材として教員が持ち込むなど、監視できない状況の中で常に危険が存在している。

　これらの地域において一番必要なのは、教育と周知徹底であろう。一般の人々にとって、離島間の亜種は意識していないだろう。「かっこいい」「大きい」という理由で海を越えて運ばれ、「かわいそうだから逃がす」という行為が行われないように、「この地域の生きものにはそれぞれの島ごとに違いがあるから、運んでも野外に放さないように！」という情報発信が必要不可欠である。これはクワガタムシにとどまらず、カタツムリやカマキリ、ランなどその他すべての生きものに関して当てはまる。教育現場でそのような呼びかけが行われているとは聞いたことがないので、今後、徹底していく必要があるだろう。

5　キリギリス

(1) はじめに

　日本のキリギリス属については現在ニシキリギリス *Gampsocleis buergeri*、ヒガシキリギリス *G. mikado*、オキナワキリギリス *G. ryukyuensis* の3種が提唱されているが、さまざまな地理的変異も指摘されており（日本直翅類学会2006）、分類的に未解決のようである（ミナミキリギリスと呼ばれる個体群も

提唱されている）。上記大図鑑の分布図では薩南諸島において屋久島、種子島、奄美大島しか示されていないが、奄美大島は奄美市名瀬三儀山公園産の標本が2個体および生態写真があるのみという状況だった（和田 2002）。

(2) 奄美大島のキリギリス

　大図鑑発行以後、2005年に山室一樹氏により龍郷町にて1オスが採集され（山室 2005）、その後、同氏により2006年に龍郷町で2オス1メス、大和村フォレストポリスで1オスが採集された（内田 2015）。さらに、2014年に奄美市名瀬朝仁あかざき公園でも1オス採集された（富永 2015）。内田は大和村の1オスは富永が奄美市で採集した個体と同じタイプだが、龍郷町の3オス1メスはむしろオキナワキリギリスに似ていると記述している。

　このような状況で、奄美大島にキリギリスが定着しているのか、著者は疑問視している。確かにチョウや甲虫に比べて注目する人が少ない種ではあるが、かなり大きな鳴き声で目立つこと、多くの採集者や農業試験場関係者が奄美大島を訪れることを考慮すれば、これほど気付かれないとは思えない。また、本土で見られる特徴の個体群と、沖縄で見られる特徴の個体群が同所的に生息しているのだろうか。さまざまな物資をフェリーなどで島外から持ち込んでくる奄美大島では、北から南からキリギリスも持ち込まれたと疑っている。

(3) トカラ列島口之島のキリギリス

　三島を含む大隅諸島・トカラ列島では、屋久島・種子島という大きな島以外ではキリギリスの記録がなかった。しかし2014年8月、トカラ列島口之島において、守山泰司氏がキリギリス1オス1メスを採集した（守山 2014）。リュウキュウチクが広がる牧場内を通る路上にて、この時には採集個体以外にも複数目撃している。同氏は翌年も同じ時期に訪れ、鳴き声によって生息を確認している（守山・金井 2016）。

　トカラ列島においては、保護条例により研究者・愛好者の来島も少なくなり、今まで観察不足で記録がなかったのか、それとも移入されたのか判断できない。この口之島の記録に刺激され、鹿児島の直翅類を長く研究されている山下秋厚氏は、黒島において2016年5月および9月に調査されたが、発見できなかっ

た（山下 2016）。

もともと三島や口永良部島、トカラ列島は調査が不足している地域である。しかし、約7,300年前の鬼界カルデラ形成に関わる噴火の影響など、地史的にも面白い地域でもある。キリギリスが自生しているのか人為的に持ち込まれたのかによって、その考察に大きな間違いが生じる可能性もある。できるだけ早く調査することで、外来種を考慮しなくてもよいデータを得ておきたい。

6　最後に

現在の人間社会では、外来種を見ないという方が難しい。田畑は我々が有効に利用できる外来種をわざわざ増やしており、そこに発生する害虫も外来種がほとんどである。きれいな花壇やプランターも外来種の植物で飾られ、学校などではそれをコンクール形式で競っている。ただし、これらの外来種をできるだけ自分たちの管理できる環境内だけでとどめておき、原生林やたとえ二次林であっても、野生の土着生物が生活している範囲内には持ち込まないようにする必要があるだろう。

同じ種類ならば、見分けがつかなければほかの地域個体群と混ざっても影響はないと、30年前にはほとんどの人々が感じていたであろう。しかし、近年のDNA分析技術の向上により、たとえ同じ種であっても地域個体群のまとまりを検出することが可能になり、その地域ごとの差を調べて過去の個体群のつながりを検証することも可能な時代になった。30年後には、さらに新しい技術によって、どのようなことが解明できるようになるか想像もつかない。その時に「昔の人が混ぜてしまっていたから」「外来種が入ったおかげで、この種の歴史がたどれない」ということにはなって欲しくない。

鹿児島県立博物館で働くようになり、一般の方々や児童・生徒と接する機会も増えてきた。私が思う以上に外来種について敏感になっている一般の方々もおり、「花壇に植える植物は購入してもよいのか」という質問も受けることがある。私は「自分が管理している範囲内であれば、園芸店で購入した苗を植えても大丈夫」と答えている。もちろん、種子によって自分の管理範囲を逃げ出す植物もあるかもしれないが、まずは「自分が管理している範囲」というもの

について意識して欲しいと思い、このように答えている。

　そういう意味で、首輪でつないだ犬と異なり、昆虫は野外で放し飼いにできないであろう。自分の庭にだけチョウを飛ばすために放すという行為は、閉鎖された温室でもない限り許されない。そういう意識を広めるためにも、博物館では機会を見て情報発信していこうと、この原稿を書いている時点で決意している。

謝辞

　今回の原稿の元になった研究では福田晴夫氏、湯川淳一氏、上地奈美氏、林正美氏、嶌洪氏、小西和彦氏、小溝克己氏にご教授頂いた。また前田芳之氏、山室一樹氏には、奄美大島の状況を色々とお教え頂いた。松比良邦彦氏、大坪博文氏には写真の使用を快諾して頂いた。

引用文献

Faizal MH, Prathapan KD, Anith KN, Mary CA, Lekha M, Rini CR (2006) Erythrina gall wasp *Quadrastichus erythrinae*, yet another invasive pest new to India. Current Science 90: 1061-1062

福田晴夫（1987）クマゼミのいない島. Cicada 7：33-34

福田晴夫（2012）1950年以降に南西諸島を北上したチョウ類〔2〕. やどりが 234：28-39

福田晴夫・森川義道（1999）奄美大島で確認されたクマゼミの記録. Cicada 14：17-22

福田晴夫・金井賢一・森川義道（2006）近年の奄美諸島におけるクマゼミの出現・定着状況. Cicada 18：63-69

Gramling C (2005) Hawaii's coral trees feel the sting of foreign wasps. Science 310: 1759-1850

Heu RA, Tsuda DM, Nagamine WT, Yalemar JA, Suh TH (2006) Erythrina Gall Wasp *Quadrastichus erythrinae* Kim (Hymenoptera: Eulophidae). State of Hawaii Department of Agriculture [updated February 2006; cited June 2006]. Available from: http://www.hawaiiag.org/hdoa/npa/npa05-03-EGW.pdf.

岩 智洋・迫田正和・穂山浩平・図師朋弘・住吉博和（2011）奄美大島におけるデイゴヒメコバチの生態と防除．鹿児島県森林技術総合センター研究報告 14：6-11

金井賢一（2008）クロボシセセリの侵入・定着・安定に関する考察．やどりが 217：59-64

金井賢一（2008）2007 年奄美大島におけるクマゼミの羽化消長．Satsuma 139：79-87

金井賢一（2011）2010 年屋久島で見つからなかったクロボシセセリとデイゴヒメコバチ．鹿児島県立博物館研究報告 30：47-50

金井賢一（2013）2012 年喜界島への侵入昆虫に関する中高生との共同研究〜クマゼミ・デイゴヒメコバチ・ラデンキンカメムシ・クロボシセセリ〜．鹿児島県立博物館研究報告 32：1-5

金井賢一（2016）2016 年夏，鹿児島市内のクロボシセセリの記録．Satsuma 157：39

金井賢一・松比良邦彦・上地奈美・湯川淳一（2008）奄美群島へのデイゴヒメコバチ（ハチ目：ヒメコバチ科）の侵入．日本応用動物昆虫学会誌 52 (3)：151-154

Kim IK, Delvare G, La Salle J (2004) A New Species of *Quadrastichus* (Hymenoptera: Eulophidae): A Gall-inducing Pest on *Erythrina* (Fabaceae). Journal of Hymenoptera Research 13: 243-249

喜友名朝次（2013）薬量を減らした樹幹注入によるデイゴヒメコバチの殺虫効果．九州森林研究 66：71-73

松尾和典（2016）侵入害虫デイゴヒメコバチによる被害とその対策．昆虫と自然 51 (8)：9-11

Messing HR, Noser S, Hunkeler J (2009) Using host plant relationships to help determine origins of the invasive Erythrina gall wasp, *Quadrastichus erythrinae* Kim (Hymenoptera : Eulophidae). Journal of Biological Invasions 11: 2233-2241

守山泰司（2014）トカラ口之島でニシキリギリスを採集．Satsuma 152：80

守山泰司・金井賢一（2016）トカラ列島口之島，中之島，諏訪之瀬島の昆虫（2015）鹿児島県立博物館研究報告 35：57-66

日本生態学会（2002）外来種ハンドブック．390pp. 地人書館，東京

日本直翅類学会（2006）バッタ・コオロギ・キリギリス大図鑑．687pp. 北海道大学出版会，札幌

沼田英治・初宿成彦（2007）都会にすむセミたち－温暖化の影響？－．162pp. 海游舎，東京

岡崎幹人（2004）2003年に観察した徳之島のセミ類．Satsuma 130：111-112.

岡島秀治・荒谷邦雄（2012）日本産コガネムシ上科標準図鑑．444pp. 学研教育出版，東京

白水 隆（2006）日本産蝶類標準図鑑．336pp. 学研教育出版，東京

State of Hawaii (2016) Wiliwili & Erythrina gall wasp monitoring project. [http://dlnr.hawaii.gov/ecosystems/hip/projects/erythrina-gall- wasp/]

田畑満大（1994）奄美のクマゼミについて．Satsuma 111：144-146

田中 洋・田中 章・平原洋司（2007）揖宿郡南部でクロボシセセリを採集．Satsuma 136: 81

富永 修（2015）奄美大島の"ミナミ"キリギリス．ばったりぎす 155：11-12

Uechi N, Uesato T, Yukawa J (2007) Detection of an invasive gall-inducing pest, *Quadrastichus erythrinae* (Hymenoptera: Eulophidae), causing damage to *Erythrina variegata* L. (Fabaceae) in Okinawa Prefecture, Japan. Entomological Science 10: 209-212

内田正吉（2015）奄美のキリギリス．ばったりぎす 156: 18-21

和田一郎（2002）奄美大島のキリギリス．ばったりぎす 131: 1-3

山室一樹（2005）謎に包まれた奄美大島のキリギリス．あまみやましぎ 64: 14-15

山下秋厚（2016）鹿児島県三島村黒島のバッタ目，ゴキブリ目，カマキリ目．Satsuma 157：113-123

Yang MM, Tung GS, La Salle J, Wu ML (2004) Outbreak of erythrina gall wasp (Hymenoptera: Eulophidae) on *Erythrina* spp. (Fabaceae) in Taiwan. Plant Protection Bulletin 46: 391-396

吉行郁海・松比良邦彦（2009）喜界島でクマゼミを採集．Satsuma 142：237

第6章
薩南諸島における放浪種アリ類

山根　正気・福元　しげ子

はじめに

　近年、外来性の生物が在来種に及ぼす負の影響が危惧されている。とくに島嶼部では外来種は小笠原諸島におけるアカギ *Bischofia javanica*（田中ほか 2009）や奄美・沖縄におけるフイリマングース *Herpestes auropunctatus*（橋本ほか 2016）などでみられるように、在来種の強力な競争者や捕食者となることが少なくない。アリ類の中にも、在来の生態系や人間生活に害を及ぼす、いわゆる「侵略的」外来種がいる。例えば、南米原産のヒアリ *Solenopsis invicta* のように、導入された北米では農業や畜産業に甚大な被害をもたらすばかりでなく、人間に対して刺傷被害を与えるものもある（Tschinkel 2006）。日本では、本州にもち込まれたアルゼンチンアリ *Linepithema humile* が在来のアリ種を駆逐している（田付 2014）。

　日本からはいわゆる国外外来性のアリは19属38種が記録されている（寺山ほか 2014）。外来生物の重要な定義属性は「人間の活動によって本来の生息地からもち込まれた」生物である。実は、日本に生息する「外来性」アリのうちある程度確実な侵入時期や経路が分かっているのは、火山列島硫黄島のアカカミアリ *Solenopsis geminata*（戦後）、近年本州に侵入したアルゼンチンアリ（1993年頃）やクロコツブアリ *Brachymyrmex patagonicus*（2002年頃；村上 2002）など、ごく一部である。日本本土では不完全ながら古くから昆虫相がモニターされているので、新たな侵入者は検知されやすい。ところが日本の「外来性」アリの大半は熱帯・亜熱帯起源であり、主に九州や南西諸島から見つかってい

る。南西諸島のアリ相は1970年代後半に入ってやっと注目を集めるようになったが、その時にはすでに大半の「外来種」は存在していた。いくつかの種、例えば人間による運搬が非常に頻繁に起こっていると考えられるイエヒメアリ *Monomorium pharaonis* では人為導入がほぼ間違いないとしても、それ以外の種では現在の分布に人間がどのように関与したのか、不明なケースが大半である（山根 2016）。

　本稿では、薩南諸島の中でもとくにトカラ列島以北の島々における放浪性アリ類の生息の現状について述べる。上述したように、外来種（alien species）であるかどうかの正確な判定は非常にむずかしい。ここでは、外来種の中で人為環境に適応し広域分布する種はもちろんだが、外来かどうかは不明であっても「人為環境に強く依存し分布を拡大している」種を放浪種（tramp species）と呼びたい。分布域の規模は問わないことにする。南西諸島の放浪性アリ類については、1980年代後半以降いくつかの重要な研究が現れた。例えば、山内克典氏や辻和希氏らによるアシジロヒラフシアリ *Technomyrmex brunneus* の特異な社会構造に関する研究（Tsuji et al. 1991; Yamauchi et al. 1991; 辻 1992）、ウスキイロハダカアリ *Cardiocondyla wroughtonii* の繁殖様式に関する研究（Kinomura & Yamauchi 1987）が有名である。Yamauchi & Ogata（1995）は、沖縄産アリの種を分布特性から（1）Eurychoric species：東洋区全域あるいは東洋区を超えて広く分布する種（放浪種はその典型）、（2）Stenochoric species：琉球列島固有種、インドシナ亜区あるいは東アジアに限って分布する種の2類型に分けた。そして、それぞれのタイプに属する種の生息地特性、繁殖システムについて論じた。最近では、Suwabe et al.（2009）が、沖縄島における在来種と非在来種の季節活動性のパターンを比較した。山根ほか（2015）は奄美大島の港と都市公園でベート法を用い、地表活動性アリ類の種相と季節活動性を調べた。また、池田高校のアリ研究班は鹿児島県本土から八重山諸島までの主要な港でアリ相を調査し、緯度による種相や外来種率を比較した（原田ほか 2013）。

　我が国に導入された最悪の外来種アルゼンチンアリは、今のところ最初の発見地である広島県廿日市市から北東方面に分布を拡大している。ヒトにアナフィラキシーショックを起こすこともあるヒアリは、2005年ころに台湾と香港に上陸し（図 1, 2）、中国南部に広がっている。幸い日本には入っていないが、

大きな港などで厳重な監視が必要である。薩南諸島の北部に生息する放浪種のなかで、最も重要と思われるのはアシジロヒラフシアリである。まず、本種の特異な生態と分布の現状について少し詳しく紹介し、後半でそれ以外の放浪種についてこれまでに分かったことを述べたいと思う。

1　注目の「外来種」アシジロヒラフシアリ

アシジロヒラフシアリ（図3）は、働きアリの体長がわずか2.5mmほどの小さなアリである。全身がほぼ真っ黒で、脚の先端近くの付節とよばれる部分が黄白色である。指で強くつかむと潰れてしまうようなひ弱なアリである。屋外でみかけても、多くの人はたいして気にもとめないであろう。しかし、このアリは、その社会構造が特異である点や、最近分布の北上がみられる札付きの「外来種」であることから、薩南諸島のアリのなかでは最も注目されてしかるべき種である。

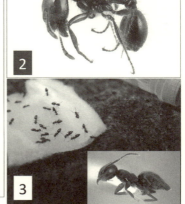

図1–3　図1　ヒアリの香港上陸を伝える新聞記事
　　　　図2　香港で2005年1月26日に採集されたヒアリ（撮影：前田拓哉）
　　　　図3　蜂蜜ベートに誘引されたアシジロヒラフシアリ（2016年7月26日，口永良部島；金井賢一撮影）；囲み内，アシジロヒラフシアリの働きアリ（撮影：江口克之）

2　風変わりな社会構造

　私たちがふつうにイメージするアリの社会は、受精した（inseminated）1個体の女王とその娘（働きアリ、以下ワーカーと表記する）からなる母娘社会である。ときに産卵女王が複数いること（多雌性）もあるが、基本形からの逸脱といってもその程度である。有翅の新女王と雄の生産は、特定の時期に限られる。新女王と雄は巣を飛び立ち、他コロニーの異性と交尾をし、交尾後の女王は翅を落として単独で（時に複数で）新たなコロニーを創設する（独立創設）。ところが、ここ30年ほどの間にこの範疇に収まりきらないアリの種が続々と見つかってきた。ここで紹介するアシジロヒラフシアリは、その中でもとくに風変わりな社会構造をもっている。

　アシジロヒラフシアリの社会構造については、Tsuji（1991）、Yamauchi et al.（1991）、辻（1992）によって詳しく調べられ、一連の研究はアリの社会構造のおどろくべき多様性の解明に世界的な意味で一石を投じた。ここでは沖縄島における彼らの研究結果にもとづき本種の社会構造と生活史を概観し、また鹿児島県本土での観察結果も合わせて紹介する。

　本種は、先に述べたアリの基本的な生活史を完全には放棄してはいない。後述するように、有翅女王と有翅雄の産出、交尾後の女王によるコロニーの独立創設は行われる。交尾飛行は年1回、春から初夏にかけて見られる。ところが、コロニーがある程度成長すると、女王よりは小さく、形態的に女王とワーカーの中間的特徴をもつ無翅の雌が現れる。これらの雌は中間カストと呼ばれ、おおまかに3つのグループに分けられる。体が一番大きな個体は3個の単眼をもち、中間サイズの個体は1個の単眼をもつ。最小サイズの個体は単眼をもたず、大きさもワーカーとほとんど変わらないため、外観ではワーカーとの区別はむずかしい（ワーカーには単眼はない）。重要なことは、これら中間カストの個体は、本来女王しかもっていない受精嚢をもっていること、卵巣小管が7本以上（ワーカーでは2本前後）あることである。最小サイズの中間カスト個体は、解剖して受精嚢の有無と卵巣小管の数を確認することによってのみ識別できる。

中間カストは成長したコロニーでは冬季をのぞきほぼ1年を通じて見られる。しかも、コロニー構成員の半分近くは中間カストなのである。彼女らは何をしているのか。解剖して受精嚢を観察すると、多くの場合精子が確認される。精子を保存しておく受精嚢に精子があるということは、交尾済みであることを意味する。相手は誰か。ここでも常識を覆す事実が現れる。巣の中には一年中翅のない雄がいるのである。ただし、雄の数はごく少ない。翅がない雄は、それと知って観察しなければワーカーと見間違うだろう。しかし、頭には3個の単眼があり、同じく3個の単眼をもつ最大サイズの中間カスト個体よりは明らかに体サイズが小さい。また、尾端を観察すると、雌のように開口部がスリット状ではなく、交尾器の一部が見えている。この無翅の雄と中間カスト個体が交尾することは実際に確かめられている。つまり、兄弟姉妹やごく血縁の近い異性が交尾するのである（近親交配）。中間カストの雌は交尾後コロニー内で産卵を開始し、その産卵数はまもなく創設女王のそれを上回り、大量の孫が生産されるようになり、母娘社会という大原則は崩れ去るのである。それでは、なぜ雄は中間カスト個体に比べて極端に少ないのか。これは局所的配偶競争（local mate competition）理論によって説明可能である。一口で言えば、近親交配の悪影響を脱した集団においては、配偶相手の雌個体のすべてが姉妹や姪などである場合、理論的には雄は1個体で十分だからである（保険をかけたとしても少数個体で間に合う）。

　アシジロヒラフシアリのコロニーでは、ワーカーは巣内外の労働に従事し、決して繁殖活動には加わらない。ところが、ワーカーを解剖すると多くの個体で卵巣が発達している。これは一体どういうことであろうか。女王アリが失われたコロニーでワーカーが雄卵（受精されていない）を産むことは色々な社会性ハチ・アリ類で知られている。ワーカーには受精嚢がないから交尾はできないし、それゆえ雌卵を産むことはできない。アシジロヒラフシアリも例外ではなく、雌卵を産むことはありえない（受精卵からのみ雌が発生する）。かといって雄卵を生んだという確実な記録もない。それでは、発達した卵巣はどのように使われるのか。私たちの経験では、本種のワーカーが節足動物などの固形餌を巣に運んでいるのを見かけることはごくまれである。本種がどのような餌を集めるかはまだ十分解明されていないが、どうやら昆虫などの新鮮な死体か

ら体液を吸いとって嗉嚢（そのう）に貯めて巣にもちかえり、それをもとにしてタンパク質に富む卵を発達させ、それを幼虫に与えているらしい。このような卵を栄養卵と呼んでいて、多くのアリやハチで観察されているが、アシジロヒラフシアリの場合、幼虫に与えられる餌はこの栄養卵のみのようである。面白いことに、交尾が終わっていない中間カスト個体も栄養卵を生産し、幼虫の養育に参加しているという。したがって、ワーカーと中間カストは繁殖という点では完全に分業しているが、巣内外の仕事の一部に重複が見られるのである。

さて、アシジロヒラフシアリのコロニーは、中間カスト個体が産卵に参加することにより、単雌性から多雌性のフェーズへと移行する。そのことにより、時には数百万個体を擁する巨大コロニーへの発展が可能になるのである。大量に存在する中間カスト個体は、しばしばワーカーを引き連れて近くに移動する。本種は、切株、倒木、生木の腐朽部や空洞、枯れ竹の筒内などに好んで営巣するが、営巣空間はたちまちアリで満たされてしまい、近くにある営巣に適した場所へとコロニーの一部を送り出さざるをえない。結果として、コロニーは面積的にもどんどん広がっていく。こうして形成されたコロニーをスーパーコロニーと呼ぶことがある。また、このようなコロニーを作る性質を多巣性と呼ぶ。いくつもの巣が隣り合って一つのコロニーを形成しているということである。もし、移住した集団がもとのコロニーとなんらかの理由により往来を遮断されたり孤立したりすると、新たなコロニーが形成されたと考えることができる（分裂創設）。こうして、独立創設によりある場所に定着したコロニーはスーパーコロニーを形成し、また子コロニーを増やし、短期間に相当の面積を占有するようになる。以上、主に山内・辻氏らの研究をもとに、アシジロヒラフシアリの社会について私見をまじえながら紹介した。

さて、分裂による拡張やコロニー創設を繰り返していると、その集団がたまたまもっている遺伝的特性に不利な環境条件に見舞われたとき、一気に衰退・絶滅する確率が高まる。そこで、先祖伝来の古典的繁殖様式、つまり独立創設が動員される。成熟コロニーは年1回、大量の有翅新女王と有翅雄を産出し、これらがほかのコロニーの異性と交尾し（異系交配）、その子孫に遺伝的多様性を取り戻す。アリの新女王はふつう交尾後に自分で翅を落とす。女王の翅は根元から落ちやすいような構造を初めからもっているのだ。交尾前でも手で捕

まえたりすると翅は簡単に落ちることからそれがわかる。交尾は当然、母巣からある程度離れた場所で行われるが、交尾後も翅を落とす前に風で飛ばされたり自力で飛ぶことが考えられる。結果として、母巣から離れた場所に新たなコロニーが創設される。

　つまり、近距離での分散は無翅の中間カスト率いる分裂集団によってなされ、遠距離分散は有翅女王によりなされる。近親交配と異系交配とはコロニーの成長ばかりでなく分散様式とも密接に関係しているのである。それでは分裂創設という戦略は長距離分散には役立たないのか。ここで人間が登場する。アシジロヒラフシアリの場合、巨大なコロニーのどの一部を切り取っても、そこには労働を担当するワーカーと産卵を受けもつ中間カスト個体が含まれているだろう。したがって、材の一部や竹筒にいたコロニーの断片が人間によって遠くへもち運ばれ、そこで運良く新たなコロニーを始めるとすれば、長距離移動を成し遂げたことになる。この断片に雄が含まれている必要はない。交尾ずみの中間カスト個体は雄卵も雌卵も産めるから、それから羽化した個体（娘と息子）を縁組ませれば、有性生殖は立派に成り立つのである。つまり、中間カストの存在は人間による他地域への導入に都合が良かったわけであり、本種が放浪種の地位を確立したのもこの性質によるところが大きい。ついでに言っておかねばならないことがある。中間カストを含むコロニー断片は、本種が人間によって運ばれる確率を高めるが、長い時間軸で考えると、倒木とともに海流に運ばれる機会をも提供する。アシジロヒラフシアリの社会が人間の登場を予想して進化したということは考えられない。むしろ何百年、何千年に一度という自然災害時に併発する大量の材の海流運搬こそが、特異な社会構造の進化要因の一つであったと見るのが理にかなっている。放浪種や問題ある外来種のアリの多くが、近親交配と分裂創設を取り入れていることにはおそらく共通した背景があるのであろう（Yamauchi & Ogata 1995）。極端な例ではアミメアリ *Pristomyrmex punctatus* のように雄の生産をやめて（有性生殖を放棄して）雌が雌を産む単為生殖にのめりこんだ種もいる。

3　鹿児島県本土では

　生物は移住先で性質を大きく変えることがある。例えば、オーストラリアやニュージーランドへ侵入したキオビクロスズメバチ *Vespula vulgaris* やヨーロッパクロスズメバチ *Vespula germanica* は、原産地では見られなかった多女王性や多年性コロニーを発達させている。日本では林縁や疎林でしか見られないオオハリアリ *Brachyponera chinensis* は、導入先の北米では撹乱地ばかりでなく良好な森林にも進出している。アシジロヒラフシアリは本来、ベトナム北部や中国南部に分布の中心をもつ亜熱帯性のアリである。暖温帯である鹿児島県本土に侵入したあとで、性質の一部を変化させているかもしれない。

　島名祐一郎さんは鹿児島大学理工学研究科で本種の生活史を修士研究のテーマとして取り上げた（島名 2010）。まず、1 年中活動しているかどうかを、ベートから粉チーズを運ぶワーカーの個体数によって評価した。その結果、外気温が 20℃ を切ると、採餌個体は著しく減少し、12 月初旬から 4 月初旬にかけて、採餌個体はほとんど見られなくなり、1 年の 3 分の 1 は活動が極端に低下するか停止することが分かった。奄美大島では、冬期間における活動レベルの低下は認められなかったので（山根ほか 2014）、鹿児島県本土では亜熱帯域と比べコロニーの成長速度は著しく減速すると思われる。有翅虫の出現は沖縄島に比べ大幅に遅れて、6 月 21 日にサンプリングされた 7 コロニーのうち 2 コロニーで有翅虫の蛹が出現し、8 月 14 日サンプリングの 5 コロニーのすべてで有翅虫の成虫が確認された。9 月には見られなくなった。中間カストは 5 月から 11 月まで連続して見られ、コロニー内での比率はおよそ 15–60% で、Yamauchi et al.（1991）の沖縄島における結果とあまり違わなかった。島名さんの調査結果からは、鹿児島県本土でも、独立創設と分裂によるコロニー拡大の両方が見られること、中間カストが全個体に占める割合は平均 40% を上回ることなどで、基本的には亜熱帯での繁殖様式が維持されていることが分かった。

　一方で、ワーカーの活動には明瞭な季節性が見られ、1 年の 3 分の 1 は活動が事実上停止していることが判明した。県本土と奄美群島の中間に位置するトカラ列島～大隅諸島では、社会構造や生活史に関する研究は皆無である。今後

の重要課題と言える。

4　不可解な分布

　本種はインド西部デカン高原のプーナで採集された個体をもとに記載・命名された。これまでにスリランカ、インド、ベトナム、中国南部〜日本から記録され、日本では南西諸島全域から九州南部にかけて普通に見られる。スリランカの記録は百年以上前のものであり、近年確実な記録はない（Dias 2014）。インドでは北部を中心に最近の記録がある（Bharti et al. 2016）。それ以外では、ボルネオ島のブルネイから1個体見つかっているが、この記録は疑問である（Bolton 2007）。タイ、ラオス、カンボジアではかなり精密な調査がなされているのに発見されていない。このように、本種の分布はインドとベトナムの間でとぎれているのである。その理由は不明である。

　ごく最近になって、ニューギニア低地の二次林で本種が優占しているという驚くべき報告がでた（Klimes et al. 2015）。インドネシア、マレーシアにも分布するという記述がときに見られるが、筆者の一人（山根）はこれらの地域での長年の調査にもかかわらず、1個体も確認していない。ニューギニアの個体群が自然分布であるとすると、インドやインドシナとの間に広大な分布空白地が存在することになる。本種の分布の不可解さは一層増す。また、もし人為導入であるとすれば本種の放浪種としての「地位」が上昇することになる。

　本種はごく類似したいくつかの種からなる *Technomyrmex albipes* 種群に含まれる。この種群の中では、本種は唯一大腮に深い溝をもつので、実体顕微鏡を使えば同定は比較的容易である。しかし、この種群の種はいずれも体が真っ黒で、サイズ差が少なく、行動も似ているので、やはり専門家によるものでないと同定に信頼がおけない。Bolton（2007）が整理するまでは、種の区別が厳密になされず、日本産も長い間 *T. albipes* として扱われてきた経緯がある。正確な同定に基づく分布記録の集積が重要であるが、自然分布が把握される前に次々と色々な場所へ人為導入されてしまう可能性もある。

5　日本では外来種か？

　以上に述べたように、本種は放浪種としては拡散の範囲が比較的狭い。中南米にもオーストラリアにもアフリカにも未侵入である。前述したように、もしニューギニアの個体群が導入によるものだとすれば、やや長距離の拡散が起こったことになる。それでは、日本の個体群は自然分布なのか導入によるのか。この問題は未解決である。寺山ほか（2014）は日本における本種を外来種と断定しているが、それを支持する証拠は示されていない。ベトナムから中国南部、台湾、南西諸島、とほぼ連続的に分布するので、この点だけでみれば自然分布もおおいにあり得るのである。

　日本における最も古い確実な記録は、宮崎県青島の 1924 年である（寺西 1940）。しかし、1910 年にはすでに鹿児島県に生息していた可能性があるが（矢野 1910）、標本の採集年と正確な場所は示されていない（*Technomyrmex* sp., 「薩摩」と記されている）。残念ながら、日本本土への分布拡大の中継地として有力な南西諸島におけるアリ類の分布記録が現れるのは、ごく一部の例外を除いて 1970 年代後半になってからである（山根 2016）。そのため九州南部での記録のもとになった集団の由来は推測すらできない。かりに人為分布だとすると、「1884 年（明治 17 年）には、沖縄～鹿児島、大阪とを結ぶ定期航路が開設され」た（那覇港湾・空港整備事務所、http://www.dc.ogb.go.jp/nahakou/rekishi/01_3.html）ことが、沖縄からの侵入を容易にした可能性がある。

　中琉球から南琉球にかけてのアシジロヒラフシアリの最も古い記録は、Onoyama（1976）と Abe（1977）によるもので、本種は 1976 年頃にはすでに奄美群島やトカラ列島宝島に生息していたようである。残念ながらこれ以前の本種の記録や標本はまだみつかっていない。ただ、沖縄県の本土復帰（1972 年）や沖縄国際海洋博（1974 年）を契機に沖縄島を中心に港湾整備が行われ、取り扱い貨物量も増えたという（http://www.dc.ogb.go.jp/nahakou/gaiyo/01.html）。このような港湾整備が本種を含む放浪種の国内における移動に影響を与えた可能性がある。一方、沖縄は 13 世紀のグスク時代から中国と交易しており、15 世紀から 450 年続いた琉球王朝時代には、中国だけではなく東南アジアなどと

も頻繁な交流があったので、放浪種の侵入の機会は少なくなかったと思われる。

八重山諸島に近接する台湾での本種の古い記録は、1928年11月4日に嘉義（Chiayi）で高橋良一氏により採集されたワーカー3個体が台湾農業試験場昆虫標本庫に収蔵されている（http://digiins.tari.gov.tw/tarie/Collection013E.php?id=Kagi&page=2）。Terayama（2009）は台湾のファウナから *T. albipes* の記録を削除し、台湾に生息する黒色のヒラフシアリはアシジロヒラフシアリのみとしたが、筆者の一人（山根）は最近 *T. albipes* の存在を確認している（未発表）。したがって、台湾には *T. albipes* 種群のヒラフシアリは少なくとも2種生息するので、古い記録や Bolton（2007）を見ていない研究者による同定は注意を要する。しかし、台湾農業試験場の標本は画像からまぎれもないアシジロヒラフシアリと判断された。また、H. Sauter が1907年11/12月に Akau で採集した標本に基づき Forel（1912）が記載した *Technomyrmex modiglianii* v. *angustior* は、本種（*T. brunneus*）のシノニムにされた（Bolton 2007）。したがって、1907年以降、本種は台湾に定着していたとみていいだろう（もちろん、ずっと以前からいた可能性は高い）。

台湾海峡を挟んで向かいにある香港など、中国南部にはもちろん本種は普通に産する。氷河期には台湾は中国本土と何度も陸続きになっているし、台湾と八重山諸島も陸続きになった可能性が高い。こうしたことから、本種が中国、台湾を経由し自力で南西諸島に到達した可能性を否定できない。同時に、何度にもわたって人間が持ち込んできたかもしれない。おそらく自力分散と人為による導入が複雑に絡んでいるのであろう。

6　薩南諸島北部における分布

薩南諸島南部（奄美群島）における本種の分布については山根（2016）が概説した。8つの有人島のすべてと、トカラ系列ではあるが緯度的に徳之島に近い硫黄鳥島で生息が確認されている。住宅地内の公園から二次林まで営巣に適した場所であれば広く生息が見られる。量的なデータはないが、いずれの島においてもスーパーコロニーと呼べるほどの大きなコロニーは見つかっていない。原田ほか（2014）と山根ほか（2015）によって調査された群島内5つの有

人島9つの港におけるアリ相調査では、徳之島の亀徳港でのみ本種が見つかっている。奄美群島における港の環境は本種の生息に適さないらしい。

　一方、薩南諸島北部（トカラ列島〜大隅諸島）においては、分布に空白が見られる（表1）。まず、宇治・草垣両群島と口之三島では完全に欠落している。宇治・草垣は無人島、口之三島は有人島で「フェリーみしま」が就航している。草垣群島の調査は1989-90年のみで（大城戸ほか1995）、最近の情報がないので本当に生息していないか定かでない。一方、宇治群島は2011、2014年に福元（2016）が調査し、口之三島はさらに頻繁に調査されている（福元ほか2013）。これらの島には未侵入と考えてよい。アリの調査が実施されているトカラ列島の10島のうち、6島（臥蛇島、諏訪之瀬島、平島、小島、子宝島、横当島）で本種は未発見である。臥蛇島、小島、横当島が無人、ほかは有人である。臥蛇島（福元ほか2014）と横当島（福元　未発表）においては2010年以降の調査がある。トカラ列島については、2013年に原田ほか（2014）が有人7島でかなり詳しい調査を実施している。これらのことから、トカラ列島には依然として本種が到達していない島がかなりあると判断される。屋久島・種子島・口永良部島・馬毛島からなる大隅諸島では、アリの記録がまったくない馬毛島（北九州市立自然史・歴史博物館には1986年に湯川淳一先生が採集されたクロオオアリのワーカーが3個体ある）を除き、本種が記録されている。口永良部島では1989年に本村の集落で、2016年の調査では向江浜の照葉樹二次林の内部で採集された。しかし、この島では本種はむしろ珍しい種といえる。

　以上を要約すると、薩南諸島北部では13の有人島のなかで6島、5つの無人島すべてにおいて本種が未確認である。この結果は有人全8島で本種が記録された奄美群島の結果とくらべると対照的である。これら2地域の間の大きな違いを見てみよう。奄美群島では孤立度の高い喜界島、徳之島、沖永良部島、与論島のすべてが大型のフェリーで結ばれており、大型フェリーが就航していない加計呂麻島、請島、与路島は奄美大島に近接しており、大型ではないがフェリーや海上タクシーが頻繁に往来している。一方、薩南諸島北部の島や島のグループは相互に孤立している傾向が強く、トカラ列島、口之三島は鹿児島県本土と定期船で結ばれてはいるが、船の規模が小さく便数も限られている。福元（2016）はこのようなことから、大型フェリーの就航が本種の拡散を促進し

第1部 昆虫・小動物・微生物

表1 薩南諸島北部産アリ類のリスト

属名	種小名	和名	宇治群島平治島	草垣群島上ノ島	黒島	硫黄島	竹島	口永良部島	屋久島	種子島	臥蛇島	口之島	中之島	諏訪之瀬島	平島	悪石島	小島	小宝島	宝島	横当島
Stigmatomma	silvestrii	ノコギリハリアリ			◎				◎	◎		◎								
Proceratium	itoi	イトウカギバラアリ				◎			◎	◎		◎								
	japonicum	ヤマトカギバラアリ						◎	◎			◎	◎			◎			◎	
Discothyrea	sauteri	ダルマアリ						◎	◎											
Brachyponera	chinensis	オオハリアリ		◎				▲	◎	◎		◎	◎	◎	◎	◎		◎	◎	
	nakasujii	ナカスジハリアリ	△		◎			◎	◎	◎		◎	◎	◎						◎
Cryptopone	sauteri	トゲズネハリアリ			◎			◎	◎											
Euponera	pilosior	ケブカハリアリ			◎			◎	◎											
Hyponera	beppin	ベッピンニセハリアリ							◎											
	nippona	ヒゲナガニセハリアリ							◎	◎										
	nubatama	クロニセハリアリ							◎	◎										
	sauteri	ニセハリアリ			◎	◎			◎	◎		◎	◎							◎
Leptogenys	confucii	ハシリハリアリ											◎							
Odontomachus	monticola	アギトアリ						◎	◎											
Ponera	alisana	コダマハリアリ							◎											
	kohmoku	マナコハリアリ				◎	◎		◎											
	scabra	テラニシハリアリ						▲	◎			◎			◎			◎		
	tamon	ミナミヒメハリアリ			◎			◎	◎			◎		◎		◎			◎	
Cerapachys	biroi	クビレハリアリ				◎			◎											
Leptanilla	tanakai	ヤクシマカシアリ							◎											
Protanilla	lini	ジュズフシアリ							◎											
Pyramica	benten	イガウロコアリ							◎											
	canina	ヒラタクロウロコアリ				◎			◎											
	hirashimai	ヒメセダカウロコアリ							◎											
	incerta	ノコバウロコアリ							◎											
	rostrataeformis	ホソコバウロコアリ							◎											
	mazu	ツヤウロコアリ							◎											
	membranifra	¶トガラウロコアリ							◎			◎		◎	◎			◎		◎
	morisitai	キバオレウロコアリ						◎												
	mutica	ヌカウロコアリ			◎	◎	◎		◎											
Strumigenys	kumadori	キタウロコアリ							◎											
	lewisii	ウロコアリ			◎	◎	◎	◎	◎											
	solifontis	オオウロコアリ							◎											◎
Lordomyrma	azumai	ミゾガシラアリ							◎											
Stenamma	owstoni	ハヤシナガアリ							◎											
Vollenhovia	benzai	タテナシウメマツアリ			◎	◎		◎	◎	◎		◎	◎		◎					
	emeryi	ウメマツアリ			◎	△	◎		◎	◎		◎	◎							
Oligomyrmex	yamatonis	コツノアリ							◎	◎		◎	◎		◎				◎	
Monomorium	chinense	¶クロヒメアリ	△						◎	◎		◎	◎							
	floricora	¶フタイロヒメアリ							◎	◎										
	hiten	フタモンヒメアリ							◎	◎			◎							
	intrudens	ヒメアリ			◎	△	◎		◎	◎		◎	◎		◎					
	pharaonis	¶イエヒメアリ							◎			◎					◎		◎	
Solenopsis	japonica	トフシアリ				◎	◎	◎	◎	◎		◎	◎		◎			◎	◎	
	tipuna	オキナワトフシアリ												◎					◎	
Myrmica	ruginodis-complex	ハラクシケアリ種群の1種						▲												
Aphaenogaster	erabu	エラブアシナガアリ			◎															
	irrigua	サワアシナガアリ							◎							◎				
	famellica	アシナガアリ							◎	◎										
	japonica	ヤマトアシナガアリ							◎											
	osimensis	イソアシナガアリ	◎	◎	◎	◎		◎	◎	◎	◎	◎	◎		◎	◎			◎	◎
	tokarainsula	トカラアシナガアリ									◎	◎	◎	◎	◎	◎	◎	◎		
Messor	aciculatus	クロナガアリ							◎	◎										
Pheidole	fervida	アズマオオズアリ							◎	◎										
	fervens	ミナミオオズアリ	△		◎	◎		◎	◎	◎		◎	◎		◎	◎		◎	◎	◎
	indica	¶インドオオズアリ		◎	◎	◎		◎	◎	◎		◎	◎		◎	◎		◎	◎	◎
	noda	オオズアリ	△		◎	◎		◎	◎	◎		◎	◎		◎	◎		◎	◎	◎
	pieli	ヒメオオズアリ							◎											
	susanowo	クロオオズアリ														◎				
Tetramorium	bicarinatum	¶オオシワアリ	△		◎	◎		◎	◎	◎		◎	◎		◎	◎			◎	
	cf. kraepelini	ケブカシワアリ							◎											
	lanuginosum	¶イタリシワアリ						◎	◎			◎	◎		◎	◎		◎	◎	
	nipponense	キイロオシワアリ							◎	◎										
	tsushimae	トビイロシワアリ							◎	◎		◎		◎		◎				
	simillimum	¶サザナミシワアリ														◎				
Crematogaster	izanami	ハリナガシリアゲアリ				◎														
	matsumurai	ハリブトシリアゲアリ							◎				◎							

第6章 薩南諸島における放浪種アリ類

属名	種小名	和名	宇治群島宇治島	草垣群島上ノ島	黒島	硫黄島	竹島	口永良部島	屋久島	種子島	臥蛇島	口之島	中之島	諏訪之瀬島	平島	悪石島	小島	小宝島	宝島	横当島
Crematogaster	nawai	ツヤシリアゲアリ			◎	◎	◎	▲	◎	◎		◎	◎					◎		
	osakensis	キイロシリアゲアリ				◎			◎										◎	
	teranishii	テラニシシリアゲアリ						◎												
	vagula	クボミシリアゲアリ	△			◎		◎	◎	◎		◎	◎		◎		◎			
Cardiocondyla	spp.	¶ヒヤケハダカアリ近縁種	△	◎		◎		◎	◎			◎					◎	◎	◎	◎
	minutior	¶ヒメハダカアリ						◎	◎								▲			
	obscurior	¶キイロハダカアリ						◎												
Temnothorax	anira	ヒラセムネボソアリ			◎		◎					◎								◎
	congruus	ムネボソアリ						◎												
	kubira	チャイロムネボソアリ						◎												
	mitsukoae	アレチムネボソアリ						◎	◎											
	spinosior	ハリナガムネボソアリ						◎				◎			◎					
Myrmecina	nipponica	カドフシアリ							◎	◎		◎	◎		◎		◎			◎
Pristomyrmex	punctatus	¶アミメアリ	△		◎			◎	◎											
Dolichoderus	sibiricus	シベリアカタアリ						◎												
Ochetellus	glaber	¶ルリアリ						◎	◎			◎			◎	◎		◎	◎	
Tapinoma	melanocephalum	¶アテヌヌカアリ			◎			◎	◎			◎	◎	◎	◎	◎		◎	◎	
	sachime	コヌカアリ					◎		▲											
Technomyrmex	brunneus	¶アシジロヒラフシアリ			◎			◎	◎			◎	◎	◎						
Acropyga	nipponensis	イツツバアリ						▲	◎											
	sauteri	ミツハアリ			◎	◎							◎					◎		
Anoplolepis	gracilipes	¶アシナガキアリ						◎												
Nylanderia	amia	¶ケブカアメイロアリ				△		◎	◎	◎		◎	◎	◎	◎	◎		◎	◎	◎
	ryukyuensis	リュウキュウアメイロアリ							◎											
	flavipes	アメイロアリ	△		◎		◎		◎	◎		◎	◎	◎	◎	◎		◎	◎	
Paraparatrechina	sakurae	サクラアリ				◎	△		◎											
Paratrechina	longicornis	¶ヒゲナガアメイロアリ						◎							◎			◎		
Lasius	sonobei	ミナミキイロケアリ						◎												
	talpa	ヒメキイロケアリ						◎												
	hayashi	ハヤシケアリ						◎												
	japonicus	トビイロケアリ	△		◎			◎	◎	◎		◎	◎		◎	◎		◎	◎	
	sakagamii	カワラケアリ						◎												
Camponotus	hemichlaena	ニシムネアカオオアリ						◎				◎								
	japonicus	クロオオアリ				◎		◎	◎	◎										
	obscuripes	ムネアカオオアリ						◎												
	bishamon	ホソウマツオオアリ	△	◎		◎	◎	◎	◎	◎		◎	◎	◎	◎	◎		◎	◎	
	nawai	ナワヨツボシオオアリ	△		◎	◎	◎	◎	◎	◎										
	vitiosus	ウメマツオオアリ			◎		◎	◎	◎											
	yamaokai	ヤマヨツボシオオアリ							◎											
	quadrinotatus	ヨツボシオオアリ						◎												
	keihitoi	クサオオアリ						◎												
	devestivus	アメイロオオアリ				◎		◎		◎		◎		◎		◎				
	kaguya	ユミセオオアリ						◎								◎				
	kiusiuensis	ミカドオオアリ						◎												
Colobopsis	nipponicus	ヒラズオオアリ				◎		▲	◎			◎	◎	◎	◎	◎		◎	◎	
Polyrhachis	lamellidens	トゲアリ						◎												
	phalerata	チクシトゲアリ						◎												
Formica	hayashi	ハヤシクロヤマアリ	△			◎		◎	◎											
	japonica	クロヤマアリ						◎												
Polyergus	samurai	サムライアリ						◎												
種数合計 117	実際にカウントした結果		14	11	31	37	24	49	98	58	30	38	51	35	30	37	8	21	42	15

¶：放浪種 tramp species（20種）、◎：これまでに記録のあった種および筆者らの手元に標本が存在する種、宇治島△：福元による未発表データ、硫黄島△：福元・山根・リジャールによる未発表データ、口永良部島▲：山根・金井による未発表データ。

ているのではないかと推測している。

7 「外来種」としての評価

　本種が外来種かどうかの判定がむずかしいのは上に述べた通りである。しかし、放浪種として分布や生息の動向を厳重に監視すべき対象であることには異論がないであろう。それでは、本種は在来の生態系に対して実際に負の影響を及ぼしているのであろうか。すでに見たように、奄美群島では広い面積が本種に占有されるような深刻な状態はまだ報告されていない。筆者らの観察によれば、奄美大島龍郷町長雲にある奄美自然観察の森では事務所の建物がある付近では見られたが、林道沿いでは見られなかった (2015年)。比較的原生的な林が優占する湯湾岳南斜面や金作原では林内では生息が確認されていない (2016年)。加計呂麻島では安脚場の二次林で採餌個体が見られたが、弓師岳の状態の良い林ではまったく見られなかった (2016年；山根ほか 2016)。屋久島では車道や林道わきの林縁部でよく見られ、原生的照葉樹林が残っている西部林道では車道から少し林内に入った場所で本種が確認された (2016年)。種子島におけるチーズベートを使った調査では、浦田と河内の照葉樹林でいずれにおいても60ベート中49ベートで本種が誘引され、最優占種であった (原田ほか 2009)。以上の断片的観察から、薩南諸島では本種が優占種になっている場所はあるものの、今のところは本種による生態系への深刻な影響は認められない。

　鹿児島県本土におけるアシジロヒラフシアリの分布はShimana & Yamane (2009) によって詳しく調べられた。それによると、本種は県西部と薩摩半島では、2007年時点での北限が長島町獅子島 (北緯32度15分) であった。2000年頃までは北限が鹿児島市南部 (北緯31度30分) であったことから、2001年頃を境に顕著な北進があったと推定された。鹿児島大学の林園 (現植物園) には2001年頃に侵入したと考えられ、侵入前後のアリ相を比較したところ、種数の減少や優占種の交替が見られた (福元 未発表)。本種の侵入により少なくとも短期的には在来のアリ相が大きな影響をこうむったことは間違いない。また、筆者らの観察によれば、鹿児島市の烏帽子岳登山口近くの二次林では、本種は林の内部に深く侵入している。

鹿児島大学植物園における調査結果（福元 未発表）から、本種の侵入が在来のアリ相や生態系に負の影響を及ぼす可能性は否定できない。これが一時的なものか不可逆的なものかを明らかにするには、今後の継続的な調査が必要である。本種侵入前後のアリ相を同一地点で直接比較した事例はこれ以外に存在せず、また、すでに侵入が起こった生息地でのアリ相調査もほとんどなされていない。筆者の一人福元は、未侵入である硫黄島（口之三島）で将来の侵入に備えてモニターを続行している。近い将来に侵入が予想される場所でアリ相を数量的に押さえておくことは、侵入後における変化を評価する上で非常に重要と思われる。

8　薩南諸島北部の放浪性アリ

（1）薩南諸島北部のアリの種数

　薩南諸島北部の放浪性アリ類は福元（2016）により概観された。今回この地域から記録のあるアリ類のできるだけ完全なリストの作成を試みたので（表1）、それをもとに放浪種の位置づけをしてみたい。対象とした島は宇治群島の宇治島*、草垣群島の上之島*、口之三島の硫黄島・竹島・黒島、大隅諸島の口永良部島・屋久島・種子島、トカラ列島の臥蛇島*・口之島・中之島・諏訪之瀬島・平島・悪石島・小島*・子宝島・宝島・横当島*の合計18島で、そのうち無人島（*）は5島である。リスト作成に当たっては、過去の文献に加え、筆者らが管理する標本のデータも使用した。亜科、属、種の配列は基本的に寺山ほか（2014）にしたがった。

　この地域で記録がある種に、今回新たに記録した種を合わせると、全体で8亜科、47属、117種となった。いくつかのグループでは、種の同定が困難で、過去の記録はもちろんであるが、現在も確実な同定ができないケースもある。また、過去に一度しか記録がなく、今回は標本を確認できなかった種がある。したがって、これらの種の分布は将来、正確な同定により再検討する必要がある。以下に簡単に解説しておく。

　1）オオハリアリ *Brachyponera chinensis* とナカスジハリアリ *B. nakasujii*：長い間、日本本土と薩南諸島にはオオハリアリ1種のみが分布すると考え

られてきたが、Yashiro et al.（2010）によって隠蔽種の存在が明らかになり、*B. nakasujii* と命名された。古い記録ではこの 2 種が区別されていないため、過去にオオハリアリと同定された種はナカスジハリアリであるか、あるいは 2 種を含んでいる可能性がある。

2）かつてハダカアリ *Cardiocondyla nuda* とされてきたアリにはいくつかの同胞種が存在することがあきらかとなった（Okita et al. 2015）。薩南諸島にはこのうちトゲハダカアリ *Cardiocondyla* sp. A とカドハダカアリ *Cardiocondyla* sp. B が分布する（寺山ほか 2014）。この 2 種は外部形態では、前伸腹節の後側角の形状や後胸溝の発達度合いで区別されるというが、実際には判別は非常に難しい。古い記録はもちろん 2 種を区別していない。本稿では、両種をまとめてヒヤケハダカアリ近縁種として扱う。

3）アメイロアリ *Nylanderia flavipes* とリュウキュウアメイロアリ *N. ryukyuensis*：アメイロアリは日本本土や薩南諸島北部（北琉球）に広く分布する普通種である。リュウキュウアメイロアリは Terayama（1999）によって沖縄島から記載され、前者とは触角柄節の立毛が長く、数がやや多いこと、体は全体が褐色～暗褐色であることにより区別されると言われる。今回、九州本土から奄美群島にかけての標本を検した結果、体色は区別点としては使えないこと、触角柄節の立毛で分けるのも非常に困難であることが分かった。リスト（表 1）には暫定的に両種を掲載してあるが、トカラ列島以北からのリュウキュウアメイロアリの記録は全面的に見直す必要がある。

4）ウメマツオオアリ亜属（*Myrmamblys*）の 3 種：薩南諸島からはホソウメマツオオアリ *Camponotus bishamon*、ナワヨツボシオオアリ *C. nawai*、ウメマツオオアリ *C. vitiosus*、ヤマヨツボシオオアリ *C. yamaokai* の 4 種が記録されている。最後のヤマヨツボシオオアリは形態的に明瞭に区別できるが、残りの 3 種はお互いによく似ており、識別に重要とされている形質には中間状態が存在する。現在、DNA 情報もふくめてこれらの種を再検討している。ここでは、これら 3 種の記録は将来修正の余地があることを述べておく。

5）分布が疑わしい種：ハリナガシリアゲアリ *Crematogaster izanami* が口永良部島から、ヨツボシオオアリ *Camponotus quadrinotatus* が種子島から記録されているが、今回、記録のもとになった標本を発見できなかった。また、屋

久島から記録されたムネボソアリ Temnothorax congruus はアレチムネボソアリ T. mitsukoae である可能性がある。リストにはこれらを残すが、将来ムネボソアリの記録が削除される可能性がある。ハシリハリアリ Leptogenys confucii は1976年に宝島と中之島から採集されたが（Abe 1977；Leptogenys とのみ記されている）、追加標本が得られていない。安部琢哉氏がミスをおかすことは考えづらいので確実な記録と思われるが、その後も生存しているか再発見が期待される。

　以上のことから、また今後も種の追加が続くと予想されるので、各島のアリの種数には若干の変動が生じるだろう。

（２）放浪種の割合

　表1の和名の頭に¶のついている20種が本稿において放浪種と認定したものである。ここには一般に放浪種といわれている種以外も若干ふくまれている。例えば、クロヒメアリ Monomorium chinense は最近まで在来種として扱われてきたが、寺山ほか（2014）によって外来種とされた。外来種かどうか判定のしようはないが、放浪種的性格を強くもっていると判断した。アミメアリ Pristomyrmex punctatus は寺山ほか（2014）においても在来種扱いであるが、単為生殖をすることや、撹乱地適応性が強いことから放浪種として扱った（山根2016）。それ以外は一般に外来種ないしは放浪種とされているものである。オオハリアリは北米やニュージーランドに導入され放浪種の仲間入りをしたが、日本においては在来種と思われるので、放浪種には含めなかった。トビイロシワアリ Tetramorium tsushimae は世界的に見ると明らかに放浪種の範疇に入るが、日本の集団は在来であると暫定的に判断した。

　これら20種のうち、16種が鹿児島県本土にまで到達している。ただし、イエヒメアリ Monomorium pharaonis とヒゲナガアメイロアリ Paratrechina longicornis は県本土においては野外で冬を越すことができない。大隅諸島を北限とするのはフタイロヒメアリ Monomorium floricola、イカリゲシワアリ Tetramorium lanuginosum、ヒメハダカアリ Cardiocondyla minutior の3種、宝島を北限とするのはアシナガキアリ Anoplolepis gracilipes 1種、野外個体群の北限を奄美大島（あるいは宝島）とするのはイエヒメアリとヒゲナガアメイロア

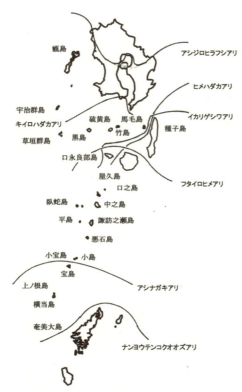

図4 鹿児島県を北限とする放浪種（分布の正確な情報は表1を参照）

リの2種である（図4）。ただし、フタイロヒメアリは和歌山県から記録がある（寺山ほか 2014）。イエヒメアリは家屋害虫として有名で、本土でも本州から九州まで広い範囲で建物のなかに営巣する。

各島における放浪種の比率を表2に示した。イエヒメアリとヒゲナガアメイロアリは、野外で生活史を全うできないと推定される島では、カウントされていない。ほとんどの島で、20%から30%台である。放浪種率が極端に低いのは屋久島で、わずか11.1%である。放浪種はどの島でも10種前後であり屋久島も例外ではない。ところが、屋久島のアリの種数は突出していて、このことが低い放浪種率につながっている。今回ターゲットにした島の中では、9つの島で港における「外来種率」が計算されている（原田ほか 2013）。「外来種率」は25.0%から66.7%の間であるが、やはり最低は屋久島である。

（3）放浪種によるインパクト

すでに紹介したように、アシジロヒラフシアリでは侵入地においてアリ相に負の影響を与える例が知られている。また、本種はかなり良好な林にも入り込むので、今後も厳重なモニターが必要とされる。それ以外のほとんどの種では生息が攪乱地に限定されている。表2からも分かるように、大きな港へ行けば

表2　各島のアリの種数と放浪種の比率

	種数の計[1]	放浪種[1,2]	放浪種率(%)	港における「外来種」率(%)[3]
宇治群島宇治島	14	5	35.7	
草垣群島上ノ島	11	4	36.4	
黒島	31	6	19.4	
硫黄島	37	9	24.3	
竹島	24	6	25.0	
口永良部島	50	14	28.0	
屋久島	98	11	11.0	25.0
種子島	58	13	22.4	38.1
臥蛇島	30	8	26.7	
口之島	38	11	28.9	41.7
中之島	51	11	21.6	36.4
諏訪之瀬島	35	11	31.4	45.5
平島	30	10	33.3	50.0
悪石島	37	11	29.7	50.0
小島	8	2	25.0	
小宝島	21	10	47.6	66.7
宝島	42	15	35.7	50.0
横当島	15	5	33.3	

1) ヒヤケハダカアリ種群にはカドハダカアリとトゲハダカアリの2種が含まれているが、過去の記録では区別されていないので便宜的に1種としてある。島によっては両種が生息する可能性がある。2) イエヒメアリとヒゲナガアメイロアリは野外における定着が確認されていない場合はカウントされていない。3) 原田ほか（2013）に基づく

そこに生息しているアリの種の半分前後が放浪種ないし「外来種」である。草本植物（雑草）ではこの比率はもっと高いであろう。しかし、生物多様性の研究をしている人間以外は、こうした事実にすら気が付かないのがふつうだ。薩南諸島においては、放浪種のなかに人間に刺傷被害を与える種はいない。

このように考えると、放浪アリの問題は些細なことのように思われる。しかし、今後起こるかもしれないいくつかの可能性について指摘しておきたい。

まず、特定の種がある条件のもとで異常に増殖するかもしれない。現在までそのような例は報告がないが、もし発生すれば不快昆虫のリストに登場するだろう。また、人家内に侵入するアリが種数においても、個体数においても増加する可能性がある。実際、人家に侵入するアリのほとんどが放浪種である。イエヒメアリ、ルリアリ、アワテコヌカアリなどが代表といえよう（アシジロヒラフシアリも家屋内に出現することがある）。

次に、いくつかの種の生活史や行動に遺伝的変異が生じ、自然・半自然の環境に侵入を開始するかもしれない。その場合、在来のアリ相や生態系に負のインパクトを与える可能性がある。例えばオオシワアリ *Tetramorium bicarinatum* でそれを疑わせる観察がある。寺山ほか（2009）によれば、沖縄ではこのアリは草地・裸地・畑など開けた環境にすむという。筆者らの経験でも、沖縄島や奄美大島では開けた環境で採集されることが多い。しかし、鹿児島県本土では、公園や林縁、二次林内部に多く、生木の腐朽部や朽木に営巣する。このような習性が常態になっていくと、オオシワアリは林縁・疎林性の在来種（ハリブトシリアゲアリなど）と営巣場所や餌をめぐって競合する可能性がでてくる。

　また、放浪種はアシジロヒラフシアリだけでなく、いくつかの種が無翅の繁殖虫（女王、中間カスト、雄）を生産し、近親交配や分裂によるコロニー創設を行う。こうした現象は生物学的にはきわめて興味深く、人間と生物との相互関係を理解する上でのいくつもの視点を提供する。残念ながら薩南諸島ではアリの社会構造や行動についての研究が皆無に近い。今後、この方面の研究が発展することを期待したい。

謝辞

　本稿を仕上げるにあたって金井賢一（鹿児島県立博物館）、前田芳之（芳華園、古仁屋）、寺山 守（東京大学）各氏のほか多くの方々にお世話になった。島名祐一郎氏（鹿児島市）はアシジロヒラフシアリの生態に関する修士論文からの引用を快諾された。これらの方々に深く感謝の意を表したい。

引用文献

Abe T (1977) A preliminary study of the ant fauna of the Tokara Islands and Amami-oshima. Ecological Studies of Nature Conservation of the Ryukyu Islands 3: 93-102

Bharti H, Guénard B, Bharti M, Economo EP (2016) An updated checklist of the ants of India with their specific distributions in Indian states (Hymenoptera, Formicidae). ZooKeys 551: 1-83

Bolton B (2007) Taxonomy of the dolichoderine ant genus *Technomyrmex* Mayr

(Hymenoptera: Formicidae) based on the worker caste. Contributions of the American Entomological Institute 35: 1-150

Dias RKS (2014) Ants of Sri Lanka. vii+273 pp. Biodiversity Secretariat, Ministry of Environment & Renewable Energy, Sampathpaya

福元しげ子（2016）薩南諸島北部のアリ相．鹿児島大学生物多様性研究会 編，奄美群島の生物多様性，133-142．南方新社，鹿児島

福元しげ子・Jaitrong Weeyawat・山根正気（2013）鹿児島県黒島・硫黄島・竹島のアリ相．Nature of Kagoshima 39: 119–125

福元しげ子・Rijal Satria・前田拓哉・山根正気（2014）鹿児島県臥蛇島のアリ相．Nature of Kagoshima 40: 127–131

原田 豊・榎本茉莉亜・西俣菜々美・西牟田佳那（2014）トカラ列島のアリ．Nature of Kagoshima 40: 111–121

原田 豊・福倉大輔・栗巣 連・山根正気（2013）港のアリ—外来アリのモニタリング—．日本生物地理学会会報 68: 29–40

原田 豊・宿里宏美・米田万里枝・瀧波りら・長濱 梢・松元勇樹・大山亜那・前田詩織・山根正気（2009）種子島のアリ相．南紀生物 51: 15–21

橋本琢磨・諸澤崇裕・深澤圭太（2016）奄美から世界を驚かせよう．奄美大島におけるマングース防除事業 世界最大規模の根絶へ．水田 拓 編著，奄美群島の自然史，290-302．東海大学出版部，平塚

Kinomura K, Yamauchi K (1987) Fighting and mating behaviors of dimorphic males in the ant *Cardiocondyla wroughtoni*. Journal of Ethology 5: 75–81

Klimes P, Fibich P, Idigel C, Rimandai M (2015) Disentangling the diversity of arboreal ant communities in tropical forest trees. PloS One 10(2): e0117853. doi:10.1371/journal.pone0117853

村上協三（2002）神戸市ポートアイランドで観察される外来アリ．蟻 (26): 45-46

Okita I, Terayama M, Tsuchida K (2015) Cryptic lineages in the *Cardiocondyla* sl. *kagutsuchi* Terayama (Hymenoptera: Formicidae) discovered by phylogenetic and morphological approaches. Sociobiology 62: 401–411

大城戸博文・山根正気・飯田史郎（1995）鹿児島県口永良部島および草垣島上

之島のアリ. 蟻 (19): 6-10

島名祐一郎（2010）鹿児島県におけるアシジロヒラフシアリ（*Technomyrmex brunneus* Forest）の生活史. 35 pp. 鹿児島大学理工学研究科修士論文

Shimana Y, Yamane Sk (2009) Geographical distribution of *Technomyrmex brunneus* Forel (Hymenoptera, Formicidae) in the western part of the mainland of Kagoshima, South Japan. Journal of the Myrmecological Society of Japan [Ari], (32): 9-19

Suwabe M, Ohnishi H, Kikuchi T, Kawara K, Tsuji K (2009) Difference in seasonal activity pattern between non-native and native ants in subtropical forest of Okinawa Island, Japan. Ecological Research 24: 637-643

田付貞洋（編）（2014）アルゼンチンアリ―史上最強の侵略的外来種. 346 pp. 東京大学出版会, 東京

田中信行・深澤圭太・大津佳代・野口絵美・小池文人（2009）小笠原におけるアカギの根絶と在来林の再生. 地球環境 14(1): 73-84

寺西 暢（1940）本邦九州以北及朝鮮に産する東洋区系蟻類及其の分布. 寺西暢遺稿集 pp. 31-54

Terayama M (1999) Taxonomic studies of the Japanese Formicidae, Part 5. Memoirs of the Myrmecological Society of Japan 1: 49-64

寺山 守・久保田敏・江口克之（2014）日本産アリ類図鑑. viii+278 pp., 48 pls. 朝倉書店, 東京

寺山 守・高嶺英恒・久保田敏（2009）沖縄のアリ類. 165 pp. 自刊, 那覇

Tschinkel WR (2006) The Fire Ants. 723 pp. The Belknap Press of Harvard University Press, Cambridge, Massachusetts, and London.

辻 和希（1992）アリにおける共同社会の進化と維持. 伊藤嘉昭編, 動物社会における共同と攻撃, pp. 53-110. 東海大学出版会, 東京

Tsuji K, Furukawa T, Kinomura K, Takamine K, Yamauchi K (1991) The caste system of the dolichoderine ant *Technomyrmex albipes* (Hymenoptera: Formicidae): morphological description of queens, workers and reproductively active intercastes. Insectes Sociaux 38: 413-422

山根正気（2016）奄美群島には何種のアリがいるか. 鹿児島大学生物多様性研

究会 編, 奄美群島の生物多様性, pp. 92-132. 南方新社, 鹿児島

山根正気・福元しげ子・前田芳之・佐藤幸雄（2016）奄美大島加計呂麻島からのアリ類の記録. 日本生物地理学会会報 71: 241-247

山根正気・榮 和朗・藤本勝典（2014）奄美大島名瀬の撹乱地のアリ相と活動レベルの季節変化. Nature of Kagoshima 40: 123-126

Yamauchi K, Furukawa T, Kinomura K, Takamine H, Tsuji K (1991) Secondary polygyny by inbred wingless sexuals in the dolichoderine ant *Technomyrmex albipes*. Behovioral Ecology and Sociobiology 29: 313-319

Yamauchi K, Ogata K (1995) Social structure and reproductive systems of tramp versus endemic ants (Hymenoptera: Formicidae) of the Ryukyu Islands. Pacific Science 49: 55-68

矢野宗幹（1910）日本産アリ類に就きて. 動物学雑誌 22: 416-424

Yashiro T, Matsuura K, Guénard B, Terayama M, Dunn RR (2010) On the evolution of the species complex *Pachycondyla chinensis* (Hymenoptera: Formicidae: Ponerinae), including the origin of its invasive form and description of a new species. Zootaxa 2685: 39-50

第7章

外来種動物としての
アフリカマイマイ

冨山　清升

はじめに：外来種問題とは

　最近、日本でも外来種問題が注目されるようになってきたが、そもそも外来種問題とはどのような問題なのか、という面から理解していかなければならない。なぜ、外来種が昨今問題視されるようになってきたのだろうか。大前提として、地球上の生物多様性は保全していかなければならないという命題があるのだが、その多様性を低下させている要因として、大きく分けて、二つの要因があるだろう。

　まず、第一に、野生生物種が生息している生態系へのヒトによる直接攪乱が挙げられる。開発や環境汚染によって、野生生物の生息地を破壊したり、直接生存を脅かしている行為である。直接殺傷や捕獲などもこの行為に入る。生物の多様性を低下させている最大要因は、この人為による直接影響であろう。その根本原因は、ともかくヒトという種が増えすぎたということにつきる。ヒトの人口が増えすぎて、なおかつ、産業の発達に伴い、ヒト一個体あたりの浪費量が極端に増加してきている。その結果、これまでは、地球全体の許容範囲内でなんとか生態系が維持できたものが、その許容範囲を超えるようになり、地球上の生物圏が崩壊しつつある。その崩壊の一つとして生物多様性の低下が認識できるようになってきたとも言える。

　そして次に、二番目に挙げられる要因として、外来種問題がある。外来種とは言っても、自然状態で生物が分布を拡大する行為は、生命の開闢以来行われてきた訳であり、ある意味では、新たな外来種の侵入ははるか昔から繰り返さ

れてきた事象ではある。問題になる現象は、ヒトの活動が原因となって、外からの新たな種の侵入が急激かつ広範囲にわたって生じている状況である。急激な外来種の侵入は、場合によっては、そこに存在する固有の生態系を破壊し、固有の生物種を絶滅に追い込むことになる。結果として、生物多様性の低下をもたらす。

　外来種が、在来の固有生態系にどのような問題をもたらすのか？　大きく分けて、以下の5つの問題点が知られている（宮下 1977, 1989; 鷲谷・村上 2002）。

　①生物間相互作用を通じて、在来種を脅かす

　これは、直接の捕食によって、本来生息していた種が絶滅の危機に陥るような現象である。たとえば、北米原産のブラックバス（*Micropterus* spp.：広く見られる種の標準和名はオオクチバス *Micropterus salmoides*）が、日本の湖沼や河川に持ち込まれ、在来の水棲生物を駆逐してしまっているような状況が挙げられる（淀 2002）。

　②在来種と交雑して、雑種を形成することにより、在来種の純系を失わせる

　これは、例えば、日本にはイワナ *Salvelinus leucomaenis* という渓流魚が生息しているが、一部の河川では、ヨーロッパから持ち込まれたカワマス *Salvelinus fontinalis* と交雑してしまい、雑種が固有種のイワナを駆逐するという現象が観察されている（Suzuki & Kato 1966）。別の例では、一時期、ニホンイノシシ *Sus scrofa leucomystax* とヨーロッパ原産のブタ *Sus scrofa domesticus* をかけ合わせてイノブタという雑種を作って肉用に供することがはやったが、そのイノブタが逃げ出し、在来のニホンイノシシと交雑している（神埼 2002）。日本本土のイノシシにはもはや純系のニホンイノシシが存在しないのではないかと言われている状態になっているという。

　③生態系の物理的な基盤を変化させる

　外来種がそれまでの在来種とまったく異なった生態様式を持っていた場合、本来の固有生態系が根本的に変わってしまう場合もある。例えば、アメリカザリガニ *Procambarus clarkii* は、湖沼や河川で土手に穴を掘って生活する生活形を持っているが、本来、東北以北のニホンザリガニ *Cambaroides japonicus* の生息地以外の地域では、日本にはそのような生態型を持った水棲生物は生息して

いなかった。アメリカザリガニが入ったために、日本の河川生態系はかなり変容してしまったと言われている（宮下 1977）。

④ヒトに病気や危害を加える

例えば、北米から養殖用に持ち込まれたギンギツネ *Vulpes vulpes* に付いて、エキノコックス（単包条虫 *Echinococcus granulosus*、もしくは、多包条虫 *Echinococcus multilocularis*）という肝臓の寄生虫が北海道に持ち込まれた。この寄生虫はイヌやキタキツネ *Vulpes vulpes schrencki* に寄生している分にはひどい悪さはしないが、ヒトに感染すると致命的な肝臓障害を引き起こす（神谷 1989）。これなどは外来種が直接ヒトに危害を加える典型例であろう。国外からもたらされる伝染病も外来種の範疇に考えてよいわけで、古くは日本に存在しなかった梅毒や新型インフルエンザなどの病原体も外来種と言える。

⑤産業への影響

例えば、太平洋戦争後に、米軍の物資に混じって、多種多様な外来種が日本に侵入した。農作物に甚大な被害もたらしたアメリカシロヒトリ *Hyphantria cunea* などはその代表格であろう（宮下 1977）。最近では、カワヒバリガイ *Limnoperna fortunei* というヨーロッパ原産の淡水性の二枚貝が琵琶湖に定着していることが確認されているが（松田・上西 1992）、この貝は導水管の内側に付着して、水道管などを詰まらせてしまうなど、非常にやっかいな被害を世界各地でもたらす生物として知られている（松田・中井 2002）。

2007年の鹿児島県本土でのアフリカマイマイ騒動

2007年10月に鹿児島県本土の出水市と指宿市において、アフリカマイマイ *Achatina (Lissachatina) furica* (Ferussac) という外来種のデンデンムシが発見され、大騒ぎになったことは記憶に新しい。

2007年10月12日 朝日新聞鹿児島地方版記事より；「作物を食い荒らすこともある大型のカタツムリ・アフリカマイマイ1匹が11日までに出水市で見つかった。県の食の安全推進課によると、奄美群島や沖縄県などに定着しているが、県本土で確認されたのは初めて。同課などによると、見つかった1匹は殻の長さが約10センチ、高さ約4.5センチ。10日午前7時ごろ、同市高尾野町

下水流の市道上で、近くの男性が見つけ、市ツル博物館に届け、農林水産省門司植物防疫所が確認した」

　この第一報により、マスコミ各社から、筆者に取材が殺到した。日本において、デンデンムシの生態を研究している者は、10名程度である。なおかつ、アフリカマイマイの生態研究を本格的に行った経験のある者は数名程度しかいないのが現状であった。たまたま、その数少ない研究者の一人が、事件が勃発した鹿児島県に在住していたため、専門家と見なされ、取材が殺到してしまったのだろう。ここで強調しておきたいが、2007年のアフリカマイマイ騒動で、現地において実際に対策にあたられた方々は、農林水産省の門司植物防疫所、および鹿児島支所の職員の皆様方や、鹿児島県農業試験場の害虫担当、および鹿児島県庁食の安全推進課の対策担当の職員の方々である。筆者は、専門に研究している者としてのコメントを述べるだけの立場であった。

　その結果、2007年のアフリカマイマイ騒動で分かったことは、どうやらマスコミを含めてアフリカマイマイに関する基礎的な情報が白紙に近い、ということであった。そのせいで騒動がかなり大げさになってしまった状況があった。このため、一部の非常に過敏な反応の結果として、アフリカマイマイが恐怖の動物に祭りあげられてしまった側面もあった。したがって、アフリカマイマイに関する正しい情報をマスコミや行政を通じて流す必要性を痛感した。「アフリカマイマイが外来種とは言っても普通のデンデンムシと同じで、過剰に怖がる必要はない」といった内容の情報を自分なりにマスコミを通じて発信したつもりであったが、やはり、騒動は始まってしまうと止まらなくなるというのが実感であった。

　アフリカマイマイに関しては、2007年当時から現在にいたるまで、各種マスコミ、行政機関、一般の方々などから、多種多様な質問を受けてきた。それらを総合して検討してみると、学術的な興味に基づいて研究してきた内容と、一般の皆様方が知りたがっている情報との間にはかなりの隔たりがあることも痛感した。ある意味、これは当然の結果だったのかもしれない。そこで、本稿では、アフリカマイマイの基本生態に関して、簡単に紹介してみたい。

外来種の陸産貝類の問題とアフリカマイマイの基本生態

　地域の生物多様性を攪乱する原因として、人の手による生息環境の破壊や直接殺傷と並んで、外来種の移入が大きな要因として注目されている。日本における外来種は、動物・植物を問わず、全国各地でさまざまな問題を引き起こしている。特に、鹿児島県の島嶼部では、島嶼生態系の脆弱さもあって、外来種は深刻な問題を引き起こしている。鹿児島県の陸産貝類にも多くの外来種が知られているが、ここでは、特殊病害虫指定種と言って、深刻度ではワンランク上の扱いをうけているアフリカマイマイについて述べたい。

　前述した外来種問題5項目の中で、アフリカマイマイの場合、農地で大繁殖をして農作物を食害するという意味で、第5項の農業害虫としての側面が大きい。国外では、一晩で野菜畑を丸裸にしたという記録がある。また、繁殖力も強く、被害を受けているプランテーションにおいて、生息数が幼貝も含めて1m^{2}当たり1000匹を超えた、という信じがたい密度にまで増殖することがある。

　しかし、農業害虫のみの側面ではここまで騒がれることはなかっただろう。本種は、広東住血線虫という寄生虫の中間宿主で、この線虫がヒトに感染すると脳炎を起こすことが知られており、上記に示した第4項の衛生害虫としての性質も有している。広東住血線虫は、もともとはネズミ類の肺の血管系に寄生する。成虫で20～30mm程度の線形動物で、中国の広東省で最初に見つかったためこの名がある。しかし、この寄生虫は、アフリカマイマイとともに東アフリカから全世界に拡散したとされている。この寄生虫に感染したネズミの糞に卵（正確には一齢幼生）が混じっており、それを食べたデンデンムシが感染し、ネズミがそのデンデンムシを食べることで、その生活史が回っている。日本の野外調査の事例では、アフリカマイマイの約30%が広東住血線虫に感染しているとされている。広東住血線虫が人に感染すると、脳に入り込んで、好酸球性髄膜脳炎（白血球の一種である好酸球の著しい増加を伴う髄膜炎および脳炎）を起こすことがある。髄膜脳炎は、激しい頭痛、顔面麻痺、四肢麻痺、昏睡などの症状が出る。日本国内では、2000年6月に沖縄県嘉手納基地内で、

米国人の7歳の少女がこの寄生虫の感染による脳髄膜炎で死亡した事例が1例あるが、髄膜脳炎を引き起こすのは、よほど運の悪い場合で、大半は感染にも気づかず、ヒトの体内に入った幼生は成体になれずに数カ月で死滅するとされている。このアフリカマイマイが広東住血線虫の中間宿主となっているという事実を取り上げ、一部のマスコミでは「殺人カタツムリ」などとおもしろおかしく報道する悪乗りが見られた。

　しかし、この寄生虫の中間宿主は、アフリカマイマイだけではなく、ナメクジ類、デンデンムシ類、スクミリンゴガイ、アメリカザリガニ、カエル類、淡水エビ類、サワガニ、コウガイビル類など多岐にわたっている。このため、すでに本土にも感染は広がっており、アフリカマイマイだけを取り上げて騒ぐほどのものではない。この寄生虫は、中間宿主であるデンデンムシ類や淡水甲殻類、カエル類などを「生食」することで感染する。沖縄県の死亡例は、ネズミの糞やコウガイビル類が付着した生野菜をよく洗わずに食べたことで感染したと推定されている。感染は、すべて経口感染で、皮膚感染はしないことが分かっている。まさかデンデンムシを生食する人はいないと思うが、触った手を口に持っていく可能性もあるため、念のため、手で触ったら石鹸で洗おう（デンデンムシに限らず、野外生物は汚い！）。広東住血線虫は、1970年に沖縄県で初めて感染事例が報告されて以来、52例以上の症例が報告されている。ただし、アフリカマイマイの分布していない本土での感染事例も数多く報告されている。アフリカマイマイが生息していない地域でも広東住血線虫に感染する可能性はある。したがって、アフリカマイマイだけをことさら怖がる必要はない。

　以下にアフリカマイマイの基本生態について述べてみる。アフリカマイマイ *Achatina* (*Lissachatina*) *furica* (Ferussac) は、アフリカマイマイ科 ACHATINIDAE に属し、殻の形は海産貝のバイのような形態で細長いが、カタツムリ類やナメクジ類と同じ仲間である。本種は、現在までに熱帯地方を中心として汎世界的に分布域を拡大し、各地で有害動物と化しているが、原産地は東アフリカの雨緑樹林地帯とされている。アフリカマイマイが属する *Achatina* 属には約70種あまりが知られており、東アフリカ地方では多様な形態や生態系に適応放散している。日本にはアフリカマイマイ科に属する陸産貝類は生息していなかった。この種に最も近縁な日本産の分類群としてアフリカマイマイ

超科 ACHATINACEA に属するオカチョウジガイ属 *Allopeas* があり、本属に属する種は鹿児島県でも普通種として、オカチョウジガイ *Allopeas clavulinum kyotoense*（Pilsbry & Hirase, 1904）やホソオカチョウジガイ *Allopeas pyrgula*（Schmacker & Boettger, 1891）などの数種の小型陸産貝類が市街地にも生息している。

　アフリカマイマイの世界的な分布拡大は、1760年頃に食用として東アフリカからマダガスカル島に持ち込まれたことから始まった。その後、1800年頃、結核の薬としてモーリシャス島に入り、1847年にはインドのカルカッタ地方、1910年頃にセイロン島、1922年にはマレー半島とシンガポールに持ち込まれた。その後、本種はシンガポールを中心として東南アジア各地に移入されていった（Mead 1961）。むろん、これらの分布拡大はすべて人手によるものであった。

　アフリカマイマイの日本への移入経緯は、あまり知られていないが、以下の通りである（冨山 1988）。1931年、台湾総督府警務衛生課（現在の保健所に相当）の衛生技師であった下條馬一氏が、シンガポール出張の折、シンガポール保健当局次長の大内氏の庭に多数の大型で美しいデンデンムシがいるのを見て、そのうち20匹をもらって土産として台湾に持ち帰ったが、途中で8匹が死んだ。生き残った12匹が後に、日本、ハワイ、ミクロネシア、北米などに移入されてはびこるようになったアフリカマイマイの祖先である。下條氏は、それらをしばらく自宅で飼育していたが、台湾日々新報という地方紙がその珍しい大型マイマイを報道した。その記事を読んだ田沢震五、および、宮島龍華という人が下條氏にその陸産貝類の分与を懇望した。そこで、下條氏は12匹を3等分し、各自が親貝4匹と若干の稚貝を飼育することになった。田沢氏はアフリカマイマイの増殖法や調理法を工夫し、飼育中のものを『食用蝸牛白藤種』と命名して一般に売り出した。白藤種と名付けたのは深い意味があった訳ではなく、たまたま自宅に白い藤が生えていたため、それにちなんで名付けたのだという。田沢氏は1933年に『食用蝸牛白藤種の養殖研究発表』という60ページのガリ版刷りのパンフレットを印刷し、『非常時打開、不景気駆逐、欧米輸出缶詰として家庭農家の副業として最適』と宣伝した。このような田沢氏の宣伝によって、1935年9月頃には台湾における飼育熱は最高潮に達した。ただし、実際

に食用にされた例は少なく、稚貝を増やしてほかに販売することを目的としたようである。ある人は当時の金額で約2000円の純益を上げたという。

　日本本土への持ち込みは1935年頃台湾各地の業者によって行われた。1936年春頃には東京にも販路が及んだらしく、デパートで親貝1匹が5円で売られていたという。沖縄と奄美地方には、1935年～40年にかけて、最初は喘息や肺病に効くという触れ込みで持ち込まれた。1936年になると、国外における本種の農作物などに対する甚大な被害状況が伝えられるようになり、政府は1936年5月、輸出入植物取締法10条および3条を適用し、本種を有害動物に指定して、その取り締まりに乗り出した。しかし、時すでに遅く、アフリカマイマイは、日本の無霜地帯に広くはびこるようになってしまった。現在、鹿児島県では、奄美大島をはじめとして、奄美群島に広く定着してしまっている。

　2007年に鹿児島県本土で見つかったアフリカマイマイがどこ由来なのかDNA鑑定で明らかにできないか、と質問を受けたことがある。しかし、DNA鑑定をもってしても、導入元の推定は恐らく不可能だろう。なぜなら、上記で記述したように日本に導入されたアフリカマイマイは、わずか4匹が起源となっている。国外の他地域でも導入初期は数個体が起源となって、爆発的な増加を繰り返している。すなわち、導入先のアフリカマイマイは近親交配を繰り返しており、遺伝的にほぼ均質だと言える。出水や指宿で見つかったアフリカマイマイは、国内の発生地域から持ち込まれたと推定される。したがって、DNA鑑定でも導入起源の推定は無理だろう。

　「アフリカマイマイは本当に食用になるのですか？」

　と聞かれることがよくある。はっきり指摘しておきたいが、食用にはならない。毒はないので、食おうと思えば食えるが、アフリカマイマイは、煮ると固くなり、ゴムタイヤを食べているみたいで、かみ切れないほどで、とても食えた代物ではない。このため、国外では、柔らかく料理するために、生煮え状態で調理されて、広東住血線虫に感染する事例が報告されている。

　また、2007年の騒動の際、徳之島在住の中学校教師の方から、

　「県本土で見つかると心配し、私が住む奄美地方はすでに生息しているのに、なぜまったく心配してくれないのですか？」

　とのお叱り言葉を頂いた。確かに、おっしゃる通りで、行政もマスコミもま

ことに不誠実な対応だと思った。行政は、農業被害・衛生動物被害（風評被害も含む）の対策と、教育を徹底させるべきだと思うし、マスコミは奄美地方の現状を取り上げるべきだ。

　小笠原諸島父島で、野外において、電波発信機をアフリカマイマイに装着した研究を行った結果、本種は基本的に夜行性であり、降雨時以外は、昼間は隠れて動かないことが分かった（Tomiyama & Nakane 1993）。電波発信機に震動センサーを付けた追跡調査では、日没3時間後頃から動き始め、日の出直後まで活動している。明るくなってくると、急速に活動を弱め、ねぐらにもどる行動をとる。幼貝の時期は移動性が強く、半年で500m程度移動した。成熟すると、定着するようになり、強い帰巣行動も示す（Tomiyama 1993b）。

　本種は、植物食が基本だが、腐った草や葉も食べ、ゴミだめなどに群がって、何でも食べている。国外では、車に踏みつぶされたトカゲやネズミの屍体を食べていたという報告もある。本種は気温が低下すると殻に閉じこもって休眠する。寒さには弱く、恐らく4℃以下になると死亡する。このため、日本では無霜地域にしか定着していない。逆に、乾燥には非常に強く、乾燥状態で、殻口に石灰質の膜を張って、1年以上休眠していたという記録もある。殻の大きさは、最大で20cmを超える。本種の寿命は、飼育条件下では10年以上生きた報告があるが、生息条件が良ければそれくらい生きることができるという例外的事例である。冬越しできる環境下で野外で3～4年程度の寿命で、大半の繁殖個体は2年以内で死亡している。

　本種は孵化後、約2年間成長を続け、やがて殻の生長を停止する。生長を停止するサイズは非常にばらつきがある。生長停止の有無は殻口部の厚さを測定することによって推定でき、成熟のタイミングは解剖によって確認できる。有肺類の陸産貝類は基本的に雌雄同体である。本種は孵化後約1年で生殖器が形成され、繁殖を行うようになるが、殻の生長はその後約1年間継続する（Tomiyama 1993a）。このような状態の個体を若齢成熟個体と呼ぶ。殻の生長が行われている間は精子しか生産できず、卵形成を行わない。このような成熟様式を雄性先熟と言う。本種は殻の生長停止とともに活発に卵形成を行うようになり、完全な雌雄同体の完全成熟個体となる。有肺類の多くは一般に同時的雌雄同体であるが、本種はほかの有肺類では例の少ない、成長と生殖器形成のタ

イミングがずれた成長様式をとる。電波発信機による個体追跡の結果、若齢成熟個体は完全成熟個体に比べ、より活発により広範囲に移動を繰り返していることが分かっている（Tomiyama & Nakane 1993）。

　本種は雌雄同体であるが、自家受精はできないことが分かっている。このため、卵を受精させるためには、交尾を行い、相手から精子を受け取る必要がある。交尾は相手から精子を受け取るし、相手にも精子を与える両方向交尾を行う。交尾は夜間に行われ、平均交尾時間は約4時間である。交尾時間の長さは注入した精子の量と相関している。

　本種の交尾行動は一定の一連した決まった行動に様式化している。軟体動物の交尾様式は、正面交尾型と乗っかり交尾型の2様式が知られているが（浅見1999）、本種は乗っかり型の交尾を行う。交尾は求愛をする上位置側と求愛を受け入れる下位置側でまったく異なっている。求愛後、交尾に成功する交尾対は約10％であり、交尾対の約9割は相手から交尾を拒否される。交尾の成功・不成功を決めている要因は体長とタンパク腺（卵形成器官）の発達状態である。求愛を受け入れる完全成熟個体は、タンパク腺が発達した個体であり、また、交尾相手として体長が大きくタンパク腺の十分に発達した個体を選択している。若齢成熟個体（求愛側であることが多い）は相手に注入する精子量が完全成熟個体よりも多い。若齢成熟個体も体長とタンパク腺の発達が大きな個体を交尾相手として選択している。お互いによりサイズの大きな個体を選択した結果、求愛する側とされる側の間には殻のサイズに相関関係が生じ、強いサイズ同類交配が見られる。若齢成熟個体は、完全成熟個体に比し交尾回数が多く、より頻繁に求愛行動を繰り返している（Tomiyama 1994a）。

　若齢成熟個体は精子の生産でしか繁殖投資ができないため、オス的にふるまう。このため、卵を生産できる完全成熟個体を求めて、より広い範囲を動き回り、頻繁に求愛し、数多くの個体と交尾するという繁殖行動をとっている。それに対し、完全成熟個体は、卵と精子の両方の形で繁殖投資ができるため、オス的にもメス的にもふるまえる。完全成熟個体は、交尾相手を求めて徘徊することにエネルギーを投資するよりも、定住的になって、交尾相手がやってくるのを待つ行動様式を採っている。また、完全成熟個体・若齢成熟個体ともに交尾相手として産卵数の多い個体を好んで選択するよう、交尾拒否行動を発達さ

せているものと考えられている（Tomiyama 1996）。

　交尾してから産卵するまでの日数は不定で、交尾直後に産むこともあるし、体内に精子を保持して数カ月後に産卵することもある。本種の繁殖能力は非常に高く、気温と湿度が確保された条件下では、10日〜2週間周期で卵を産み続けるが、タンパク腺の発達・縮小も産卵周期に同調している。産卵数は、殻の大きさに左右されるが、通常は、50個から100個程度産卵する。大型個体では300卵程度産卵するが、国外の報告では、1000卵以上産んだという事例もある。卵が産下されてから孵化するまでの時間も不定で、卵を体内に保持していた場合は、卵の産下直後に孵化する場合もある。このため、「アフリカマイマイは卵胎生」などと書かれた農学書があったりもする。環境条件が悪ければ、産下された後、孵化しないで数カ月間そのままの状態で卵が地中に保持されるという報告もある。産卵できる殻のサイズも、生息環境によってまちまちで、100mmを超える個体でも生殖腺がまだ形成されていない幼貝である場合もあるし、40mmでも産卵できる成貝の場合もある。卵の大きさも、長径5〜8mmと、論文によってかなり異なり、産地や環境条件で変異する（Tomiyama & Miyashita 1992）。

　以上のように、アフリカマイマイの生活史は非常に変異幅が大きく、つかみどころがない、という結論になる。農業害虫としてよく研究されている昆虫類は、生活史がかなり厳密に決まっている例が多い。このため、アフリカマイマイの生活史の発表をすると、昆虫類とはあまりに異なる生活史に当惑した昆虫学者から、「アフリカマイマイは、はっきりしないことばかりで、生態がよく分かっていないという印象を受けるが？」と質問されることも多い。しかし、アフリカマイマイの生態は100年以上の研究の蓄積があり、デンデンムシとしては、生態や生活史が最もよく分かっている種だと言える。「はっきりしないことが多い」というのは、「生態がよく分かっていない」のではなく、生活史そのものが、よく言えば「柔軟性がある」、悪く言えば「いい加減」ということである。

　また、「今後どう対策を採ればよいのか？」との質問もよく受ける。まず、現在のアフリカマイマイの発生状況を正確に把握することだろう。どこにどれくらい生息しているのか、正確な生息現況調査が必要である。そして、発生状

況がどのように変化しているのか、正確なモニタリング調査が必要となる。これらの調査結果に基づいて、科学的な根拠に基づく、防除計画の立案と実施が行われるべきであろう。

本文の差し替え経緯

　本書は、奄美群島を中心とした薩南諸島の島嶼部における外来種問題を解説する本として企画された。筆者は、特殊病害虫指定され、奄美群島に定着しているアフリカマイマイの解説を担当した。アフリカマイマイに関する日本語で書かれた適当な解説書が出版されていないこともあり、アフリカマイマイの基本的な解説書を目指して原稿を準備した。さまざまな側面から本種を解説した結果、原稿がA4版印刷ページにして約150ページ程度に膨れあがった。これでは、単行本の1章分としては長すぎるため、筆者の専門外である農業害虫や農薬防除、広東住血線虫などに関する部分を中心に大幅にカットし、B5版80ページ程度に圧縮した。しかし、一般向けの解説書を意識した場合、項目別に解説するとどうしても専門的になり、読みにくい文章になってしまった。このため、拾い読みも出来るようにQ&A方式に原稿を書き改めた。原稿は2016年10月下旬に脱稿し、編集主幹の方にお渡しした。

　しかし、12月上旬に、編集主幹の方から、今回の出版用ページサイズで版組みにすると本文だけで120ページ分あり、図表も含めるとプラス数10ページにもなることを指摘された。12月8日、編集主幹の方と出版社の話し合いの中で、出版予算が限られ、全体で200ページ分の予算しか組まれていないことが分かり、原稿の掲載は難しいということが判明した。出版費用の不足分は、筆者の研究費から充当することで資金的な目途はある程度付いていた。しかし、特定分野にページ数が偏り過ぎ、内容のバランスが非常に不自然になることと、ページ数が増えることによって価格が高くなり、書店での購入数が低下する懸念が指摘された。出版社の方が、直接筆者のもとに来られ、「原稿を2週間以内に50ページ程度にして下さい」と告げられた。自然科学の文章は、小説や評論文とは異なり、多量の図表を伴っている。図表の編集には、本文執筆と同程度かそれ以上の時間を要する。また、本文の中でも各項目の記述と相互に引

用しあっている部分が非常に多く、単純にカットするという訳にはいかない。結局、3分の1の量（50ページ）までの原稿の圧縮は、ゼロから書き直しということを意味しており、2週間程度の時間内では事実上不可能であった。

原稿を引き上げることも検討したが、出版計画に携わっている方々に多大な御迷惑をおかけすることになり、短縮版を新たに書き起こすことにした。しかし、時間がないため、過去に書いた文章を大幅に転載することにし、図表も無しという形式にせざるを得なかった。最近、科学論文や文章のコピー＆ペーストが糾弾されることが多いため、あえて指摘しておくが、本稿の本文は過去に筆者が執筆した文章の転載に過ぎない。結局、当初の長文版からは、導入部の一部、謝辞、引用文献だけを転載することにとどめた。

当初執筆した長文版は、お蔵入りとなってしまったが、先に述べたように、アフリカマイマイは重要な産業害虫にも関わらず、陸産貝類という特殊性からか、日本語で書かれた適当な解説書が存在しない。2007年のアフリカマイマイ騒動の際も、マスコミや行政関係の方々から、本種の解説書に関する質問を多く受けた。しかし、「日本語の解説書はない」としか答え様がなかった。もし、この文章を見て、アフリカマイマイの長文版の解説書の出版に興味のある出版社があられれば、筆者宛に連絡を下されば幸いである。

謝辞

アフリカマイマイの研究に当たっては、東京都立大学理学部生物学科動物生態学研究室の宮下和喜先生（東京都立大学名誉教授）より、経済的・物質的・学術的な多大なる御支援を頂きました。また、同研究室の鈴木惟司さん、草野保さん、佐藤信太郎さん、増子恵一さん、林 文男さん、田村典子さん、藤森眞理子さん、武内美奈さん、矢部 隆さん、宮下徳子さん、岡 輝樹さん、石井裕之さん、長谷川英祐さんからは各種の御教示を頂きました。中根正敏さん（同研究室）には小型電波発信機の製作をして頂き、操作方法の御教示を頂きました。沼沢健一さん（元東京都蚕糸試験場）、小谷野伸二さん（元東京都小笠原亜熱帯農業センター）、竹内浩二さん（元同）、大林隆司さん（東京都農業試験場）、一戸文彦さん（元横浜植物防疫所）、金田昌士さん（元同）、北川憲一さん（元成田植物防疫所）、大河内 勇さん（森林総合研究所）、黒住耐二さん

（千葉県立中央博物館）、長谷川和範さん（国立科学博物館）らからはアフリカマイマイに関する種々の御教示を頂きました。上島 励さん（東京大学理学部）と千葉 聡さん（東北大学理学部）からは陸産貝類に関する御教示を頂きました。安井隆弥先生（元小笠原高等学校）、長谷川 馨さん（元同）、延島冬生さん（元小笠原村役場）、山崎 清さん（元東京都小笠原支庁）、千葉勇人さん（小笠原村役場）、船津 毅さん（元小笠原村在住）、菅沼弘行さん（元小笠原海洋センター）、佐藤文彦さん（元同）、立川浩之さん（千葉県立中央博物館）、清水善和先生（駒沢大学）、船越眞樹さん（元信州大学）、小野幹雄先生（東京都立大学名誉教授）等からは現地調査にあたって種々の便宜をはかって頂きました。桐谷圭治さん（元農林水産省）、伊藤嘉昭さん（名古屋大学名誉教授）、松本忠夫さん（東京大学名誉教授）からは、農業害虫や昆虫の生活史に関する御教示を頂きました。矢部辰夫さん（元神奈川県衛生研究所）と記野秀人さん（浜松医科大学）からは広東住血線虫に関する御教示を頂きました。平井剛夫さん（元農研センター）、和田 節さん（元九州農業試験場）、遊佐陽一さん（奈良女子大学理学部）からは、軟体動物の農業害虫に関する御教示を頂きました。岸 由二さん（現慶應大学名誉教授）、辻 和希さん（琉球大学農学部）、浅見崇比呂さん（信州大学理学部生物学教室）、西 邦雄先生（元宮崎県立高等学校教師）、金井賢一先生（鹿児島県立博物館）、山根正気先生（鹿児島大学理学部名誉教授）、行田義三先生（元鹿児島県中学校教師）、鈴木英治先生（鹿児島大学理学部）、坂巻祥孝先生（鹿児島大学農学部）、津田勝男先生（同）からは、写真の提供や本文全体に関して助言を賜りました。研究の遂行に当たっては、鹿児島大学の教職員・大学院生・卒業研究生の皆様方、現地調査では、農林水産省門司植物防疫所・鹿児島支所・大島支所、横浜植物防疫所・小笠原支所、東京都亜熱帯農業センター、東京都小笠原支庁、小笠原村役場、沖縄県農業試験場、鹿児島県食の安全推進課、鹿児島県野生生物課、鹿児島県農業試験場の皆様方、各市町村の地自体職員の皆様方や各島嶼に在住の皆様方のお世話になりました。本書の作成に関しては、「鹿児島県レッドデータブック第二版作成」の調査・編集作業予算（鹿児島県自然保護課）の一部、農林水産省委託研究費の一部、日本学術振興会科学研究費助成金の 031681 および 041681、平成 26・27・28 年度基盤研究（A）一般「亜熱帯島嶼生態系における水陸境界域の生物多様性

の研究」26241027-0001・平成 27・28 年度基盤研究（C）一般「島嶼における外来種陸産貝類の固有生態系に与える影響」15K00624・平成 27・28 年度特別経費（プロジェクト分）－地域貢献機能の充実－「薩南諸島の生物多様性とその保全に関する教育研究拠点整備」および 2014・2015・2016 年度鹿児島大学学長裁量経費、以上の研究助成金の一部を使用させて頂きました。以上、御礼申し上げます。

文献リスト

　以下に示す文献リストは、長文版の本文での引用文献である。アフリカマイマイに関する重要な文献も多数あるため、本稿でこのリストを掲げる。これまでに、アフリカマイマイを扱った文献は多数が出版されてきたが、冨山・宮下 (1989a, c) が和文と英文の文献リストをまとめており、かなり細かい文献まで拾ってある。下記に示す文献リストは、アフリカマイマイに関する主要な文献、および、まとまったレビューが存在しない 1989 年以降に出版された重要な文献を知る上で参考になるだろう。

Adamo SA, Chase R (1987) Courtship and copulation in the terrestrial snail *Helix aspersa*. Canadian Journal of Zoology 66: 1446-1493

Ademolu KO, Fantola FO, Bamidele AJ, Dedeke GA, Idowu AB (2016) Formation and composition of epiphragm in three giant African land snails (*Archachatina marginata, Achatina fulica* and *Achatina achatina*). Ruthenica 26(3-4): 165-169

Albuquerque FS, Peso-Aguiar MC, Assunção-Albuquerque MJ, Gálvez L (2009) Do climate variables and human density affect *Achatina fulica* (Bowditch) (Gastropoda: Pulmonata) shell length, total weight and condition factor? Brazilian Journal of Biology 39(3): 875-895

Alicata JE (1966) The presence of *Angiostrongylus cantonensis* in islands of the Indian Ocean and probable role of the giant African snail, *Achatina fulica*, in dispersal of the parasite to the pacific islands. Canadian Journal of Zoology 44: 1041-1049

Aoki J (1978) Investigations on soil fauna of the Bonin Islands II. Ecological distribution of the agate snail, *Achatina fulica*, and some possibilities of its ecological control. Edaphologia 18: 21-28

Arey LB, Crozier WJ (1921) On the natural history of *Onchidium*. Journal of Experimental Zoology 32: 443-502

浅見崇比呂（1992）進化するらせんとカタツムリ. 遺伝別冊4号: 104-117

Asamoah SA (1999) Ecology and status of the Giant African snails in the Bia biosphere reserve in Ghana. In: Final Report (September, 1999): Ecological Studies on the Giant African Snails. 1-42. UNESCO (MAB) Young Scientists Research Award (1998), Ghana

Auffenberg K (1982) Bio-electric technique for the study of molluscan activity. Malacological Review 15: 137-138

Bailey SR (1989) Foraging behavior of terrestrial gastropods: integrating field and laboratory studies. Journal of Molluscan Studies 55: 563-572

Baker RR (1978) The evolutionary ecology of animal migration. Clowes & Sons, London.

Barker GM, Watts CH (2002) Management of the invasive alien snail *Cantareus aspersus* on conservation land. DOC Science Internal series 31. Department of conservation Wellington

Baur B (1988) Population regulation in the land snail *Arianta arbustorum*: density effects on adult size, clutch size and incidence of egg cannibalism. Oecologia 77: 390-368

Baur B (1992) Random mating by size in the simultaneously hermaphroditic land snail *Arianta arbustorum* experiment and an explanation. Animal Behaviour 43: 511-518

Baur B, Rabound C (1988) Life history of the land snail *Arianta arbustorum*: along an altitudinal gradient. Journal of Animal Ecology 57: 71-87

Bayne C (1973) Physiology of the pulmonate reproductive tract; location of spermatozoa in isolate, self-fertilizing succinid snails. Veliger 16: 169-175

Beaver PC, Rosen L (1964) Memorandum on the first report of *Angiostrongylus* in man, by Nomura and Lin, 1945. The American Journal of Tropical Medicine and Hygiene 1964: 589-590

Bequaert JC (1950) Studies on the Achatininae, a group of African land snails. Bulletin of the Museum of Comparative Zoology at Harvard College 105: 1-216

Birkhead TR, Clarkson K (1980) Mate selection and precopulatory guarding in *Gammarus pulex*. Zeitschrift für Tierpsychologie 52: 365-380

Brown JL, Orians GH (1970) Spacing patterns in mobile animals. Annual Review of Ecology, Evolution, and Systematics 1: 239-262

Burley N (1983) The mating of assortative mating. Ethology and Sociobiology 4: 191-203

Cameron RAD, Williamson P (1977) Estimating migration and the effects of disturbance in mark-recapture studies on the snail *Cepaea nemoralis* L. Journal of Animal Ecology 46: 173-179

Case TJ, Gilpin ME (1974) Interference competition and niche theory. Proceedings of the National Academy of Sciences of the United States of America 71(8): 3073-3077

Caughley G (1970) Eruption of ungulate population, with emphasis on Himalayan deer in New Zealand. Ecology 51: 53-7

張 文重（1981）蝸牛養殖與加工利用. 人愛出版社, 75pp. 台湾, 屏東

張 文重（1984）非洲大蝸牛之養殖. 貝類學報 10: 49-57

Chase L (1953) The aerial mating of the great slug. Discovery 13: 356-359

Chase R (1988) A mutant strain of terrestrial snail (*Achatina fulica*), exhibiting a supernumerary penis. Canadian Journal of Zoology 66: 1491-1493

Chase R, Boulanger CM (1978) Attraction of the snail *Achatina fulica* to extracts of conspecific pedal glands. Behavioral Biology 23: 107-111

Chase R, Pryer K, Baker R, Madison D (1978) Responses to conspecific chemical stimuli in the terrestrial snail *Achatina fulica* (Pulmonata: Sigmurethra). Behavioral Biology 22: 302-315

Chelazzi G (1991) Eco-ethological aspects of homing behaviour in molluscs. Ethology Ecology and Evolution 2: 11-26

Chelazzi G, Le Voci G, Parpagnoli D (1988) Relative importance of airborne odours and trails in the group homing of *Limacus flavus* (Linnaeus) (Gastropoda,

Pulmonata). Journal of Molluscan Studies 54: 173-180

Chen X, Baur B (1993) The effect multiple mating on female reproductive success in the simultaneously hermaphroditic land snail *Arianta arbustorum*. Canadian Journal of Zoology 71: 2431-2436

Clarke B, Murry J (1969) Ecological genetics and speciation in land snails of the genus *Partula*. Biological Journal of Linnean Society 1: 31-42

Cobbinah JR (1997) Aestivation responses of three populations of giant African snail, *Achatina achatina* (Gastropoda: Achatinidae). Iberus 15(2): 75-82

Cook A (1976) Trail following in land slugs. Journal of Molluscan Studies 42: 298-299

Cook A (1977) Mucus trail following by the slug *Limax grossui* Lupu. Animal Behaviour 25: 774-781

Cook A (1979a) Homing in Gastropoda. Malacologia 18: 315-318

Cook A (1979b) Homing by the slug *Limax pseudoflavus*. Animal Behaviour 27: 545-552

Cook A (1980) Field studies of homing in the pulmonate slug *Limax pseudoflavus* (Evans). Journal of Molluscan Studies 46: 100-105

Cook C, Kondo Y (1960) Revision of Tornatellinidae and Achatinellidae. Bernice P. Bishop Museum 221: 1-303

Cowie R (1980) Precocious breeding of *Theba pisana*. Journal of Conchology 30: 238

Cox GW (2013) Alien species and evolution: The evolutionary ecology of exotic plants, animals, microbes, and interacting native species. Island Press, London.

Craze PG, Mauremootoo JR (2002) A test of methods for estimating population size of the invasive land snail *Achatina fulica* in dense vegetation. Journal of Applied Ecology 39: 653-660

Croll RP, Chase R (1977) A long-term memory for food odors in the land snail, *Achatina fulica*. Behavioral Biology 19: 261-268

Crozier WJ, Snyder LH (1923) Selective pairing in gammarids. Proceedings of the Society for Experimental Biology and Medicine 19: 327-329

Cureent W (1980) *Criptobia* sp. in the snail *Tridopsis multilineata*: Fine structure of attached flagellates and their mode of attachment to the spermatheca. Journal of

Protozoology 27: 278-287

De Winter AJ (1989) New records of *Achatina fulica* Bowdich from the Côte d'Ivoire. Basteria 53: 71-72

Edelstam C, Palmer C (1950) Homing behaviour in gastropods. Oikos 2: 259-270

江崎悌三・高橋敬三（1942）アフリカ大蝸牛（食用蝸牛）*Achatina fulica* の本邦，特に南洋群島への輸入及びその経過. 科学南洋 4(3): 192-201

Farkas SR, Shorey HH (1976) Anemotaxis and odour-trail following by the terrestrial snail *Helix aspersa*. Animal Behaviour 17: 330-339

Fisher RA (1958) The genetical theory of natural selection. 2nd ed. Dover, New York

Gerlach J (2001) Predator, prey and pathogen interactions in introduced snail populations. Animal Conservation 4: 203-209

Gelperin A (1974) Olfactory basis of homing behavior in the giant garden slug, *Limax maximus*. Proceedings of the National Academy of Sciences USA 71: 966-970

Ghose KC (1959) Observations on the mating and oviposition of two land pulmonates, *Achatina fulica* Bowdich and *Macrochlamys indica* Goodwin- Austen. Journal of Bombay Natural History Society 56: 183-187

Giusti F, Andreini S (1988) Morphological and ethological aspects of mating in two species of the Helicidae (Gastropoda Pulmonata): *Theba pisana* (Müller) and *Helix aperta* Born. Monitore Zoologica Italiano New Seriese 22: 331-363

Greenwood PJ, Adams L (1984) A model of mate-guarding. Journal of Theoretical Biology 102: 549-567

Griffiths O, Cook A, Wells SM (1993) The diet of the introduced carnivorous snail *Euglandina rosea* in Mauritius and its implications for threatened island gastropod faunas. Journal of Zoology 229: 79-89

Gwynne DT (1983) Male nutiritional investiment and the evolution of sexual differences in Tettigoniidae and other Orthoptera. In Gwynne DT, Morris GK eds. Orthpteran mating systems. Sexual competition in a diverse group in Insects, 337-336. Westview Press, Boulder

Halwart M (1994) The golden apple snail *Pomacea canaliculata* in Asian rice farming systems: present impact and future threat. International Journal of Pest

Management 40(2): 199-206

浜田篤郎（1990）静岡県下で発生した広東住血線虫症の1例．臨床寄生虫学会誌 1(1): 145-146

服部春生・加藤竹雄・長門雅子・岡野智恵・鈴木 元・名和行文・中畑龍俊（2001）沖縄旅行後に発症した広東住血線虫症による好酸球性髄膜炎の1例．日本小児科学会雑誌 105(6): 719-721

長谷川和範・福田 宏・石川 旬（2009）マダラコウラナメクジの日本国内への定着．ちりぼたん 39(2): 101-105

Hayashi F (1992) Large spermatophore production and consumption in Dobsonflies *Protohermes* (Mehaloptera, Corydalidae). Japanese Journal of Entomology 60: 59-66

林 文男・岡 輝樹・石井裕之・長谷川英祐・冨山清升・草野 保（1991）小笠原諸島のオカヤドカリ類；とくにムラサキオカヤドカリの巨大化と矮小化．小笠原研究年報 14: 1-9

Hecker U (1965) Zur Kenntnis der mitteleuropaischen Bernsteischenecken. Archif für Molluskenkunde 94: 1-45

平井剛夫（1989）スクミリンゴガイの発生と分布拡大．植物防疫 43: 498-501

Hosasi JKM (1979) Life-history studies of *Achatina* (*Achatina*) *achatina* (Linne). Journal of Molluscan Studies 45: 328-339

Hogan JM, Steel GR (1986) Duration of a feeding assay for *Deroceras reticulatum* (Müller). Journal of Molluscan Studies 48: 89-99

伊賀幹夫（1982）アフリカマイマイの生態と防除．植物防疫 36(1): 24-28

Ingram WM, Adolph HM (1943) Habitat observations of *Ariolimax columbianus* Gould. The Nautilus 56: 96-97

Jeppesen L (1976) The control of mating behaviour in *Helix pomatia*. Animal Behaviour 24: 275-290

鹿児島県（2016）改訂・鹿児島県の絶滅のおそれのある野生動植物 動物編 — 鹿児島県レッドデータブック 2016 —．鹿児島県環境林務部自然保護課，鹿児島．401pp＋付属 DVD

鍵谷 伝（1936）食用蝸牛の成長と飼ひ方要領．農業世界 31(1): 165-168

金丸但馬（1938）食用蝸牛陸鮑の末路．Venus 8(1): 59-61

金田昌士・一戸文彦（1987）アフリカマイマイの天敵である陸棲三岐腸類の一種の生態について 第2報．1987年応用動物昆虫学会講演要旨集，p. 85

神谷正男（1989）エキノコックスの分類・生活環・分布ならびに種分化．上本棋一・和田義人編，病気の生物地理学－病原媒介動物の分布と種分化をめぐって，pp. 62-74．東海大学出版会，東京

神埼伸夫（2002）イノシシ・イノブタ～高い商品価値を持つ大型哺乳類．日本生態学会編，鷲谷いづみ・村上興正監修，外来種ハンドブック，77 地人書館，東京

Kekauoha W (1966) Life history and population studies of *Achatina fulica*. The Nautilus 80: 3-10, 39-46

Kenward R (1987) Wild life radio tagging: equipment, field techniques and data analysis. Academic Press, London

King JA (1973) The ecology of aggressive behavior. Annual Review of Ecology, Evolution, and Systematics, 4: 117-138

Kishi Y (1979) A graphical model of disruptive selection on offspring size and a possible case of speciation in freshwater gobies characterized by egg-size difference. Researches on Population Ecology 20(2): 211-215

北川憲一・一戸文彦（1986）アフリカマイマイの天敵である陸棲三岐腸類の一種の生態について．1986年応用動物昆虫学会講演要旨集，139

Kondo Y (1964) Growth rates in *Achatina fulica* Bowdich. The Nutilus 78: 6-15

Kosinska M (1980) The life-cycle of *Deroceras sturanyi*. Zoologia Polaska 28: 3-155

小谷野伸二（1984）アフリカマイマイの夜間運動量調節．昭和58年度東京都小笠原支庁産業課亜熱帯農業センター試験成績書，91-94

小谷野伸二・沼沢健一（1984）交尾行動と生殖期の大きさ．昭和60年度東京都小笠原支庁産業課亜熱帯農業センター試験成績書，1-10

小谷野伸二・沼沢健一（1987a）アフリカマイマイの交尾対の季節的推移と日周性．昭和61年度東京都農業試験場研究速報，81-82

小谷野伸二・沼沢健一（1987b）小笠原諸島のアフリカマイマイ研究2. 交尾の時期と時刻．1987年応用動物昆虫学会講演要旨集，86

草野晴美・草野 保（1989）同類交配と性的二型：ヨコエビをめぐる論争．日本生態学会誌 39: 147-161

Langlois T (1965) The conjugal behavior of the introduced Europian giant garden slug *Limax maximus* as observed on S. Bass Island, Lake Erie. Ohio Journal of Science 65: 208-304

Lake PS, O'Dowd DJ (1991) Red crabs in rain forest, Christmas Island: Biotic resistance to invasion by an exotic snail. Oikos 62: 25-29

Leonard J. L. (1991) Sexual conflict and the mating system of simultaneously hermaphroditic gastropods. American Malacological Bulletin 9: 45-58

Leonard JL, Lukowiak K (1985) Courtship, copulation and sperm trading in the sea slug, *Navanax inermis* (Opisthobranchia: Cephalaspida). Canadian Journal of Zoology 63: 2719-2729

Leonard JL, Lukowiak K (1991) Sex and the simultaneous hermaphrodite: testing models of male-female conflict in a sea slug, *Navanax inermis* (Opisthobranchia). Animal Behaviour 41: 255-266

Leopold A. (1943) Deer irruptions. Wisconsin Conservation Congress, Wisconsin.

Libora M, Morales G, Carmen S, Isbelia S, Luz AP (2010) Primer hallazgo en Venezuela de huevos de *Schistosoma mansoni* y de otros helmintos de interés en salud pública, presentes en heces y secreción mucosa del molusco terrestre *Achatina fulica* (Bowdich, 1822). Zootecnia Tropical 28: 383-394

Likharev I, Wiktor A (1980) The fauna of slugs of the USSR and adjacent countries. Lenigrad Nauka, Lenigrad

Lind H (1973) The functional significance of the spermatophore and the fate of spermatozoa in the genital tract of *Helix pomatia*. Journal of Zoology 169: 39-64

Lind H (1976) Causal and functional organization of the mating behaviour sequence in *Helix pomatia*. Behaviour 59: 162-201

Lind H (1989) Homing to hibernating sites in *Helix pomatia* involving detailed long-term memory. Ethology 81: 221-234

Lipton CS, Murray J (1979) Courtship of land snail of the genus *Partula*. Journal of Molluscan Studies 50: 85-91

Luchtel D (1972) Gonadal development and sex determination in pulmonate molluscs. I. *Arion circumsriptus*. Zeitschrift für Zellforschung und mikroskopische Anatomie 130: 279-301

Lusis O (1961) Post-embryonic changes in the reproductive system of the slug *Arion ater rufus*. Proceedings of the Zoological Society of London 137: 433-468

Lv S, Zhang Y, Steinmann P, Zhou XN (2008) Emerging Angiostrongyliasis in mainland China. Emerging Infectious Diseases 14 (1): 161–164

Lv S, Zhang Y, Liu H X., Hu L, Yang K, Steinmann P, Chen Z, Wang LY, Utzinger JR, Zhou XN (2009) Invasive Snails and an Emerging Infectious Disease: Results from the First National Survey on *Angiostrongylus cantonensis* in China. PLoS Neglected Tropical Diseases 3 (2), e368 doi : 10.1371/journal. pntd. 0000368

Matayoshi S, Kawabata N Noda S, Sato A, Tabaru M (1981) Ecology of giant African snail, *Achatina fulica*. 2. Fructuation of percentage of egg laying snails. Japanese Journal of Saint. Animal 3(2): 132

松田征也・上西 実（1992）琵琶湖に侵入したカワヒバリガイ（Mollusca; Mytilidae）．滋賀県立琵琶湖文化館紀要 10: 45

松田征也・中井克樹（1992）カワヒバリガイ～利水施設に悪影響をもたらす二枚貝．日本生態学会編，鷲谷いづみ・村上興正監修，外来種ハンドブック，p.173. 地人書館，東京

Mayr E (1972) Sexual selection and natural selection. In: Sexual selection and the descent of man (Campbell B, ed.), 87-104. Aldine, Chicago

Mead AR (1961) Giant African snail. University of Chicago Press, Chicago

Mead AR (1979) Economic malacology with to *Achatina flica*. Pulmonates 2B. Academic Press, London

MacArthur RH, Wilson EO (1967) The theory of Island Biogeography. Princeton University Press, Princeton, New Jersey

McFarlane ID (1981) Trail following and trail searching behaviour in homing of the intertidal gastropod mollusc, *Onchidium verruculatum*. Marine and Freshwater Behaviour and Physiology7: 95-108

宮下和喜（1977）帰化動物の生態学――侵略と適応の歴史．講談社，東京

宮下和喜 (1989) 絶滅の生態学. 思索社, 東京

Mohr JC (1949) On the reproductive capacity of the African or giant land snail, *Achatina fulica* (Fer.). Treubia 20: 1-10

Muniappan R, Duhamwl G, Santiado RM, Acay DR (1986) Giant African snail control in Bugsuk island, by *Platydemus manokwari*. Oleagineux 41: 183-188

Nemeth A, Kovacs J (1972) The ultrastructure of the epithelial cell of seminal receptacle in the snail *Helix pomatia* with special reference to the lusosomal system. Acta Biologica Academiae Scientiarum Hungaricae 23: 299-308

Newall PF (1966) The nocturnal behaviour of slugs. The Physician as Medical Illustrator 16: 146-155

Nisbet RH (1974) The life of Achatinidae in London. Proceedings of the Malacological Society of London 40: 491-503

Numazawa K, Koyano S (1987a) Investigation of ecology of giant African snail, *Achatina fulica*, in Ogasawara Islands. Annual Report of Ogasawara Subtropical Agricultural Center 1986: 106-128

沼沢健一・小谷野伸二 (1986b) 各種餌植物に対するアフリカマイマイの餌食状況と成長量 (小笠原). 昭和60年度東京都農業試験場研究速報, 72-73

沼沢健一・小谷野伸二 (1987) 小笠原諸島のアフリカマイマイ研究1. 父島母島における分布とマーキング法. 1987年応用動物昆虫学会講演要旨集, 86

沼沢健一・小谷野伸二 (1988) 小笠原諸島のアフリカマイマイ研究3. ハイビスカス生垣に生息する本種の殻高分布および生長量の季節的推移 (生態学). 1988年応用動物昆虫学会講演要旨集, 119

Numazawa K, Koyano S, Takeda N, Takayanagi H (1988) Distribution and abundance of the giant African snail, *Achatina fulica* (Ferussac) (Pulmonata; Achatinidae), in two islands, Chichi-jima and Haha-jima, of Ogasawara (Bonin) Islands. Journal of Applied Entomology and Zoology 32: 176-181

Okochi I, Sato H, Ohbayashi T (2004) The cause of mollusk decline on the Ogasawara Islands. Biodiversity and Conservation 13: 1465-1475

Ohlweiler FP, Guimarães MC, Takahashi FY, Eduardo JM (2010) Current distribution of *Achatina fulica*, in the State of São Paulo including records of *Aelurostrongylus abstrusus* (Nematoda) larvae infestation. Revista do Instituto de Medicina Tropical de São Paulo 52(4): 211-214

大林隆司（2006）ニューギニアヤリガタリクウズムシについて―小笠原の固有陸産貝類への脅威―．小笠原研究年報 29: 23-35

大林隆司（2008）続・ニューギニアヤリガタリクウズムシについて―小笠原におけるその後の知見―．小笠原研究年報 31: 53-57

大林隆司・竹内浩二（2007）小笠原諸島父島および母島におけるアフリカマイマイの分布ならびに個体数の変動（1995 ～ 2001 年）．日本応用動物昆虫学会誌 51: 221-230

Ohbayashi T, Okochi I, Sato H, Ono T (2005) Food habit of *Platydemus manokwari* De Beauchamp, 1962 (Tricladida: Terricola: Rhynchodemidae), known as a predatory flatworm of land snails in the Ogasawara (Bonin) Islands, Japan. 40: 609-614

Ohbayashi T, Okochi I, Sato H, Ono T, Chiba S (2007) Rapid decline of endemic snails in the Ogasawara Islands, Western Pacific Ocean. Applied Entomology and Zoology 42: 479-485

Owiny AM (1974) Some aspects of the breeding biology of the equatorial land snail *Limicolaria martensiana* (Achatinidae; Pulmonata). Journal of Zoology London 172: 191-206

Pariver K (1978) A histological survey of gonadal development in *Arion ater*. Journal of Molluscan Studies 48: 250-264

Pawson PA, Chase R (1984) The life-cycle and reproductive activity of *Achatina fulica* (Bowdich) in laboratory culture. Journal of Molluscan Studies 50: 85-91

Plummer JM (1975) Observations on the reproduction, growth and longevity of a laboratory colony of *Achachatina* (*Calacatina*) *marginata* (Swaison). Proceeding of the Malacolgical Society of London 41: 395-413

Pollard E (1975) Aspects of the ecology of *Helix pomatia*. Journal of Animal Ecology 44: 305-329

Pottts DC (1975) Persistence and extinction of local populations of the garden snail *Helix aspersa* in unfavourable environments. Oecologia 21: 313-334

Prasad S, Zhang X, Yang M, Ni Y, Parpura V, Cengiz S, Ozkan CS, Ozkan M (2004)

Separation of individual neurons using dielectrophoretic alternative current fields. Journal of Neuroscience Methods 135(1-2): 79-88

Puthigorn SWB, Garnjanagoonchorn W (1985) The economics of shellfish processing in Thailand. Asian Fisheries Social Science Research Network, Thailand

Ramasubramaniam K (1979) A histochemical study of the secretions of reproductive glands and of the egg envelopes of *Achatina fulica* (Pulmonata: Stylommatophora). International Journal of Invertebrate Reproduction 1(6): 333-346

Raut SK, Barker GM (2002) *Achatina fulica* Bowdich and other Achatinidae pests in tropical agriculture. In Barker GM ed. Molluscs as crop pests. pp.55-114. Landcare Research Hamilton, New Zealand

Raut SK, Ghara TK (1989) Impact of individual's size on the density of the giant land snail pest *Achatina fulica* Bowdich (Gastropoda: Achatinidae). Bollettino Malacologico 25: 301-306

Raut SK, Ghose KC (1979) Viability of sperm in two land snails, *Achatina fulica* Bowdich and *Macrochlamys indica* Godwin-Austin. The Veliger 21: 486-787

Raut SK, Ghose KC (1982) Viability of sperms in aestivating *Achatina fulica* Bowdich and *Macrochlamys indica* Godwin-Austin. Journal of Molluscan Studies 48: 84-86

Rees WJ (1951) The giant African snail. Proceedings of the Malacological Society of London 120: 477-598

Richter KO (1976) A method for individually marking slugs. Journal of Molluscan Studies 42: 146-151

Ridley M (1983) The explanation of organic diversity. Clarendon Press, Oxford.

Rollo CD, Wellington WG (1981) Environmental orientation by terrestrial Mollusca with particular reference to homing behaviour. Canadian Journal of Zoology 59: 225-239

Rosen L, Chappell R, Laqueur GL, Wallace GD, Weinstein PP (1964) Eosinophilic meningoencephalitis caused by a metastrongylid lung-worm of rats. Journal of the American Medical Informatics Association 179: 620-624

Runham N, Hunter P (1970) Terrestrial slugs. Hutchinson, London

Sakae M (1968) Investigation of giant African snail, *Achatina fulica*, in Amami-Oshima island. Annual Report of Oshima Agricultural Center 1968: 22-29

坂井礼子・重田弘雄・竹平志穂・今村隼人・鮒田理人・中山弘幸・冨山清升（2015）奄美大島に分布する陸産貝類の生息現況に関する予備調査. Nature of Kagoshima 41: 267-270

産経新聞社「生き物異変」取材班（2011）アフリカマイマイ. 生き物異変―温暖化の足音, 346pp. 扶桑社, 東京

Santos Carvalho OD, Teles HMS, Mota EM, Lafetá C, Mendonça GFD, Lenzi HL (2003) Potentiality of *Achatina fulica* Bowdich, 1822 (Mollusca: Gastropoda) as intermediate host of the *Angiostrongylus costaricensis* Morera & Céspedes 1971. Revista de Sociedade Brasileira de Medicina Tropical 36: 743-745

Schindler A (1950) Die Ursachen der Variabilität bei *Cepaea*. Biologisches Zentralblatt 69: 79-103

Schnetter M (1950) Veränderungen der genetischen Konstitution in natürlichen Populationen der polymorphen Bänderschnecken. Verhandlunhgen der Deutschen Zoologische Gesellschaft 13: 192-206

清水善和・冨山清升・安井隆弥・船越眞樹・伊藤元己・川窪伸光・本間 暁（1991）小笠原諸島父島列島の自然度評価. 地域学研究 4: 67-86

Sidelnikov AP, Stepanov II (2000) Influence of population density on growth and regenerative capacity of the snail *Achatina fulica*. Biology Bulletin 27: 438-444

Simmons LW, Parker GA (1989) Nuptial feeding in insects; mating effort versus paternal investment. Ethology 81: 332-343

Singh SN, Roy CS (1979) Growth, reproductive behaviour and biology of the giant African snail, *Achatina fulica* Bowdich (Pulmonata: Achatinidae) in Bihar. Bulletin of Entomology 20: 40-47

Skelley PE, Dixon WN, Hodges G (2011) Giant African land snail and giant South American snails: field recognition. Florida Department of Agriculture and Consumer Services. Gainesville, Florida

Smith B (1966) Maturation of the reproductive tract of *Arion ater*. Malacologia 4:

325-349

Smith JW, Fowler G (2003) Pathway risk assessment for Achatinidae with emphasis on the Giant African land snail *Achatina fulica* (Bowdich) and *Limicolaria aurora* (Jay) from the Caribbean and Brazil, with comments on related taxa *Achatina achatina* (Linne), and *Archachatina marginata* (Swainson) intercepted by PPQ. USDA-APHIS, Center for Plant Health Science and Technology (Internal Report), Raleigh, NC

楚南仁博（1936a）食用蝸牛に就いて．台湾農時報 32(9): 17-24

楚南仁博（1936b）誤れる農業別業食用蝸牛を発く．農業日本 1(10): 42

Southwick CH, Southwick HM (1969) Population density and preferential return in the giant African snail *Achatina fulica*. American Zoologist 9: 566

Sturgeon RT (1971) *Achatina fulica* infestation in Maiami, Florida. The Biologist 53: 93-103

鈴木 寛・安田慶次（1983）沖縄本島におけるアフリカマイマイの生態及び防除に関する研究．1．メタアルデヒド剤による防除適期．沖縄農業試験場研究報告 8: 43-50

Suzuki R, Kato T (1966) Hybridization in nature between salmonid fishes *Salvelinus pluvius* × *Salvelinus fontinalis*. Bulletin of Freshwater Research Laboratory 16: 83-90

Takahashi K, Asakura A, Kurozumi T (1992) Copulation frequency and mating system of the land snail *Acsta despecta sieboldiana* (Pffeiffer). Venus 51: 323-326

高村章一郎（1936）趣味と実益を兼ねた食用蝸牛の飼ひ方．農業世界 31(1): 169-173

Takeda N (1980) Horomonal control of head-wart development in the snail, *Euhadra peliomphala*. Journal of Embryology and Experimental Morphology 60: 57-69

Takeda N, Tsuruoka H (1979) A sex pheromone secreting gland in the terrestrial snail, *Euhadra peliomphala*. Journal of Experimental Zoology 207: 17-26

Taki I (1935a) Notes on a warty growth on the head of some land snails. Journal of Science of Hiroshima University. Series B Division 13: 159-183

瀧 巌（1935b）動物学上からみた「食用蝸牛」の話．農業世界 35(4): 61-66

瀧 巖（1961）内地のおけるアフリカマイマイについて．Venus 21(3): 354

瀧 巖（1972）アフリカマイマイについての注意報．ちりぼたん 7(1): 10-11

Taylor JW (1907) Monograph of the land and freshwater Mollusca of the British Islands. Taylor Bros., Leeds

田沢震五（1935）1年で5千匹に増へる。食用蝸牛白藤種の飼ひ方．農業世界 35(4): 61-66

Thakur S (1998) Studies on food preference and biology of giant African snail, *Achatina fulica* in Bihar. Journal of Ecobiology 10: 103-109

Thakur S (2003) Population dynamics of Giant African Snail, *Achatina fulica* Bowdich (Stylommatophora: Achatinidae) in North Bihar. Journal of Applied Zoological Research 14: 151-154

Thornhill R, Alcock J (1983) The evolution of insect mating systems. Harvard University Press, Harvard

常磐俊大・赤尾信明（2013）面白い寄生虫の臨床（XI）〜寄生虫の小径〜身近な人獣共通寄生虫症 —広東住血線虫症—．日本獣医学会誌 66: 757-762

東京都（1983）アフリカマイマイ *Achatina fulica* の生態と防除．24pp. 東京都労働経済局農林水産部，東京

Toma H, Matsumura S, Oshiro C, Hidaka T, Sato Y (2002) Ocular angiostrongyliasis without meningitis symptoms in Okinawa, Japan. Journal of Parasitology 88: 211-213

冨山清升（1988）小笠原のアフリカマイマイ．小笠原研究年報, 11: 2-6

冨山清升（1991）アフリカマイマイの繁殖生態に関する研究．東京都立大学学報第 85 号別冊 85: 71-73

冨山清升（1992a）小笠原諸島の陸産貝類の生息現況とその保護．地域学研究 5: 39-81

冨山清升（1992b）父島列島における陸産貝類の分布と地域別自然度評価．Ogasawara Research 17: 1-31

Tomiyama K (1993a) Growth and maturation pattern of giant African snail, *Achatina fulica* (Fersacc) (Stylommatophora; Achatinidae). Venus 52(1): 87-100

Tomiyama K (1993b) Homing behaviour of the giant African snail, *Achatina fulica*

(Ferussac) (Gastropoda; Pulmonata). Journal of Ethology 10(2): 139-147

冨山清升（1993c）アフリカマイマイの帰巣行動の観察．九州の貝 40: 53-66

Tomiyama K (1994a) Courtship behaviour of the giant African sanil, *Achatina fulica* (Gastropoda; Achatinidae). Journal of Molluscan Studies 59: 47-54

冨山清升（1994b）小笠原諸島における陸産貝類の絶滅要因 Venus 53(2): 152-156

Tomiyama K (1995a) Mate choice in a simultaneously hermaphroditic land snail, *Achatina fulica* (Stylommatophora; Achatinidae). Unitas Malacologca Abstracts, Twelfth International Malacological Congress. Vigo, Spain

冨山清升（1995b）でんでんむしの標識方法．九州の貝 44: 49-58

冨山清升（1995c）小笠原諸島の自然破壊略史と固有種生物の絶滅要因．環境と公害 25(2): 36-40

Tomiyama K (1996) Mate-choice criteria in a protandrous simultaneously hermaphroditic land snail *Achatina fulica* (Ferussac) (Stylommatophota; Achatinidae). Journal of Molluscan Studies 62: 101-111

冨山清升（1997）小笠原諸島の島しょ生態系の破壊と地域自然保護の現状．生物科学 49(2): 68-74

冨山清升（1998a）小笠原諸島の移入動植物による島嶼生態系への影響．日本生態学会誌 48: 63-72

冨山清升（1998b）生物多様性を脅かす外来生物．遺伝 52(5): 2-4

Tomiyama K (2000) Daily movement around resting sites of the Giant African snail, *Achatina fulica* on a North Pacific Island. Tropics 10 (2): 243-249

冨山清升（2002a）「島嶼」p.229,「島嶼における外来種問題」pp. 230-231,「アフリカマイマイ」p. 165, p. 166「ヤマヒタチオビガイ」日本生態学会編，鷲谷いづみ・村上興正監修，外来種ハンドブック，地人書館，東京

Tomiyama K (2002b) Age dependency of sexual role and reproductive ecology in a simultaneously hermaphroditic land snail, *Achatina fulica*. Venus 60 (4): 273-283

冨山清升（2002c）小笠原の陸産貝類―脆弱な海洋島固有種とその絶滅要因．森林科学 34: 25-28

冨山清升（2003a）有害軟体動物の被害と対策．新農学大辞典，養賢堂，東京

冨山清升（2003b）島の生物保全．日本生態学会編．生態学事典，217-218．共立出版，東京

冨山清升（2016）薩南諸島の陸産貝類．鹿児島大学生物多様性研究会編，奄美群島の生物多様性—研究最前線からの報告—．143-228．南方新社，鹿児島

冨山清升・宮下和喜（1989a）アフリカマイマイに関する文献目録（和文編）．九州の貝 33: 1-22

冨山清升・宮下和喜（1989b）アフリカマイマイに関する文献目録の追加．小笠原研究年報 12: 56-57

Tomiyama, K, Miyashita K (1989c) A tentative list of literature on *Achatina fulica* Bowdich. Ogasawara Research 14: 1-57

Tomiyama K, Miyashita K (1992) Variation of egg clutches in giant African snail, *Achatina fulica* (Fersacc) (Stylommstophora; Achatinidae) in Ogasawara Islands. Venus 51(4): 293-301

Tomiyama K, Nakane M (1993) Dispersal patterns of the giant African sanil, *Achatina fulica* (Ferussac) (Stylommatophora: Achatinidae), equipped with a radio-transmitter. Journal of Molluscan Studies 59: 315-322

Tompa AS (1984) Land snail (Stylommatophora). In Tompa AS, Verdonk NH, van den Biggelaar JAM eds. The Mollusca, 7: Reproduction, 47-140. Academic Press, London

Toquenaga Y (1990) The mechanisms of contest and scramble competition in bruchid species. In Fujii K et al. eds. Bruchids and Legumes: Economics, Ecology and Evolution. 341-349. Springer, Netherlands

Toquenaga Y, Fujii K (1990) Contest and scramble competition in two bruchid species, *Callosobruchus analis* and *C. phaseoli* (Coleoptera: Bruchidae) I. Larval competition curves and interference mechanisms. Researches on Population Ecology 32(2): 349-363

内田里那・市川志野・中島貴幸・片野田裕亮・冨山清升・浅見崇比呂・Wiwegweaw A, Dulayanurak V, Bakhtiar EY, Abdul HA, Arney S, Liew TS（2014）北部琉球列島における陸産貝類の系統分化．企画集会 T24 琉球列島の生物相形成過程〜地史的プロセスから人間との関わりまで〜．日本生態学会

2014 年 3 月広島大会講演要旨集. T24-2

Umezurike GM, Iheanacho EN (1983) Metabolic adaptations in aestivating giant African snail (*Achatina achatina*). Comparative Biochemistry and Physiology Part B: Comparative Biochemistry 74(3): 493-498

Upatham ES, Kruatrachu M, Baidikul V (1988) Cultivation of the giant African snail, *Achatina fulica*. Journal of Science of Thailand 14: 25-40

Venette RC, Larson M (2004) Mini Risk Assessment Giant African Snail, *Achatina fulica* Bowdich (Gastropoda: Achatinidae). The Pension Reform Act 2014: 1-30

Vogler R, Beltramino A, Sede M, Gregoric D, Nunez V, Rumi A (2013) The giant African snail, *Achatina fulica* (Gastropoda: Achatinidae): Using bioclimaticmodels to identify South American areas susceptible to invasion. American Malacological Bulletin 31(1): 39-50

和田 節（2000）スクミリンゴガイ. 農業および園芸 75: 215-220

Wang QP, Lai DH, Zhu XQ, Chen X. G, Lun ZR (2008) Human angiostrongyliasis. The Lancet Infectious Diseases 8: 621-630

Ward PI (1983) Advantages and disadvantage of large size for male *Gammarus pulex* (Crustacea: Amphipoda). Behavioural Ecology and Sociobiology 14: 69-76

鷲谷いづみ・村上興正（2002）日本における外来種問題. 日本生態学会編，鷲谷いづみ・村上興正監修，外来種ハンドブック，6-9. 地人書館，東京

Wu SP, Hwang CC, Huang HM, Chang HW, Lin YS, Lee PF (2007). Land Molluscan Fauna of the Dongsha Island with Twenty New Recorded Species. Taiwania 52(2): 145-151

Wolda H (1963) Variation in growth rate as an ecological factor in the land snail, *Cepaea nemoralis* (L.). Archives Neerlandaises de Zoologie 15: 381-47

Wolda H (1970) Variation in growth rate in the land snail *Cepaea nemoralis*. Researches on Population Ecology, 12: 185-204

Woyciechowski M, Lomnicki A (1977) Mating frequencies between resident and added individuals in a population of the land snail *Helix pomatia* L. Bulletin de l'Academie Polonaise des Sciences Ser. Science Biologie 25: 159-163

矢部辰夫（1978）ネズミと広東住血線虫. 動物と自然 9(8): 7-10

安田慶次・鈴木 寛（1980）沖縄県にけるアフリカマイマイの生態と防除適期. 今月の農業 24(12): 64-67

安里龍二・平良勝也・久高 潤・中村正治・糸数清正（2003）広東住血線虫の疫学的調査(2). 沖縄県衛生環境研究所平成14年度新興・再興感染症調査報告書, 9-25

淀 太我（2002）オオクチバス〜自然とのかかわり方の試金石. 日本生態学会編, 鷲谷いづみ・村上興正監修, 外来種ハンドブック, 117. 地人書館, 東京

吉川研二（1972）小笠原のアフリカマイマイ―侵略者の生態学―. 小笠原研究年報 1: 49-56

第8章

奄美群島へのカンキツグリーニング病の侵入と喜界島での根絶事例

坂巻　祥孝・尾川　宜広

1　奄美群島でのカンキツ栽培の状況

　奄美群島の各島ではカンキツ類の栽培が盛んであるが、その様子は九州本土のカンキツ産地とは異なる。一つ一つの園地の樹の数はせいぜい100-200本、あるいはそれにも満たない小さなカンキツ園が非常に多い。また、それらの園地で栽培されているカンキツのほとんどが、タンカンである。タンカンは中国原産といわれ、台湾を通って1896年ごろに日本に入ってきたカンキツで、ポンカンのような甘みとオレンジ系の独特な芳香を持つのが特徴である。温暖な地でしか栽培できないため、平成25年度統計では鹿児島県が全国のシェア76.5％を占め、県内の主要な産地は屋久島町、奄美市、南大隅町、徳之島町などであり、それぞれが特産物としてブランド化し、全国に出荷されている。しかし、病気や生理障害なども出やすいため、栽培には比較的手間をかけて仕立てなければ、ブランドを維持できるレベルの果実を安定して連年作り続けることができない。このためか時折、栽培を半ば放棄しているような園地に出くわすこともある。

　一方、これらの園地以外にも奄美群島を歩くと多数のカンキツ樹が目に付く。主に、民家の庭先や畑の縁に植えられており、その様子は前述の手間をかけて仕立てられたタンカンの樹とは異なる。あたかも街路樹のような風格の大木が多く、枝は伸び放題で、葉はこんもりと茂っており、果実は小さく、その数は多かったり少なかったりばらばらである。これらのカンキツ樹は、島に古くから伝わる在来カンキツで、酸っぱいもの、甘いもの、実が赤いもの、黄色いも

の、緑のもの、ベルガモットのような香りが強いもの、11月に収穫するもの、翌年5-6月ごろ収穫するものなど、家庭ごとに一本一本違うのではないかと思うくらい多様である。これらの多様な在来カンキツには、奄美群島の中でも各地域の食文化に欠かせない品種が多数存在する。また、それぞれの家の祖先の誕生や結婚などを祝った記念樹である場合も多く、これらの在来カンキツ樹は島の人々にとって特別な存在である。

　このように奄美群島のカンキツ類は、主に経済栽培のために園地に植えられているタンカンと、主に自家消費目的で、文化的な価値を持つ庭先などの在来カンキツ類に区分されるといえる。

2　カンキツグリーニング病の脅威

(1) 病原細菌の名前・分類

　カンキツグリーニング病を起こす病原は微生物の中でも細菌類に属する。しかし、分離・培養が困難で実験室内で大量に得ることが困難で、いまだにその性状や形態などについても不明な点が多いため、通常の細菌の一部としては扱われず、暫定的な学名（属名）'*Candidatus* Liberibacter' * とされており、1997年に命名されている。*Candidatus* とはラテン語で「候補者」の意味であり、いまだに培養に成功していない細菌に暫定的に与えられる学名である。また、Liberibacter とはラテン語で「樹皮の細菌」の意味で、この細菌が樹皮から見つけ出されたことにちなむと思われるが、現在では、ある遺伝子（16s リボゾーム RNA）領域に特定の塩基配列を持っている細菌の一群を指す名前として利用されている。この '*Candidatus* Liberibacter' 属に含まれる細菌は現在までに7種あるが、カンキツグリーニング病の病原菌となるものは *Ca.* Liberibacter africanus、*Ca.* Liberibacter americanus、*Ca.* Liberibacter asiaticus の3種である。学名の最後にある種小名に示されている通り、それぞれアフリカ（アフリカ型）、南アメリカ（アメリカ型）、アジア（アジア型）から見つけ出されたもので、前述の16s リボゾーム RNA 遺伝子が1.5〜4％程度異なること（Teixeira et al. 2005）や30℃以上の高温への耐性の有無（Bové et al. 1974）で識別される。これらのうちわが国に侵入したものは、アジアに起源する *Ca.* Liberibacter asiaticus である。カンキツに認められる本細菌に由来すると思われる症状は1900年代初頭から中国の大陸部、インド、台湾、フィリピンで知られ、各地で様々な呼び名が付けられていた。例えば、黄龍病（Huang long bing）（中国大陸部）、立枯病（Likubin）（台湾）、leaf mottling, Phytophthora blight of citrus（フィリピン）、decline（インド）などである。その後に本病が見つけられたそのほかの地域では Greening（アフリカ、北米、フランス、日本）、vein phloem degeneration（インドネシアでの英名）、Enverdecimiento（スペイン）などと呼ばれている。現在、国際的には、中国の林孔湘が世界で初めに本病の接ぎ木接種に成功した業績（林孔湘 1956）で使用された中国名に由来する Huanglongbing（HLB）* が正式名称として使用されている。

注* 英国の国際非営利団体 CABI（Centre for Agriculture and Biosciences International）では、'Candidatus Liberibacter' ではなく、citrus huanglongbing disease を学名として取り扱っている。

（2）症状・特徴

グリーニング病の一般的な症状は、まず葉脈とその周辺組織の黄化に始まる。その後は葉全体にぼんやりとした黄斑紋が広がり、早期の落葉、枝先の枯死、細根や側根の腐敗、樹全体の活力減退といった症状が現れたのち、最終的には樹全体が枯死する（図1）。初期のぼんやりとした黄色い斑紋は亜鉛欠乏症などのカンキツ樹の生理障害の症状に酷似するため、肉眼による診断は困難である。しかし、本病に感染した樹は生育阻害され、時期外れの開花が認められ（しかも、ほとんどが落花する）、小さく奇形の果実を形成し、その果実の果皮は厚く色が薄く、果頂部は緑色のまま着色せず、味はとても苦くなる（Su 2001）。

図1　喜界島大朝戸・西目集落内にあったカンキツグリーニング病感染樹

病原細菌は師部に局在するグラム陰性菌である（図2）。グラム陰性とはその細菌の膜の性質によって、グラム染色という染色法で染まらないタイプの細菌群であり、大腸菌やサルモネラ菌、レジオネラ菌などもこのグループに含まれる。さらに樹内の師部のどこからでも検出できるわけではなく、感染樹でも採集する葉によっては細菌が検出できないこともしばしばである。このような局在性、および、前述したように肉眼診断が難しいこと、さらに実験室内での培養ができず条件を整えた接種試験ができないという特徴のため本病を野外調査で罹病早期に検出する効率は極めて低い。

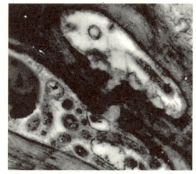

図2 シークワーシャの師管細胞内のカンキツグリーニング病細菌（スケール：0.5μm）、鹿児島大学農学部岩井久教授提供

国内で確認された本病カンキツグリーニング病アジア型、*Ca. Liberibacter asiaticus* は高温耐性であり、気温35℃までは病徴が進行する。アメリカ型やアフリカ型は、高温感受性で病徴は20-25℃の場合にしか進行しない。それぞれの型の本来の媒介昆虫は、アフリカ型ではミカントガリキジラミ *Trioza erytreae* であるが、アメリカ型とアジア型はミカンキジラミ *Diaphorina citri*（図3）である。ただし、どちらのキジラミも実験条件下ではいずれの型のカンキツグリーニング病をも媒介することが可能である（Lallemand et al. 1986）。本病はこの2種の媒介昆虫が媒介するか、あるいは生産者が接ぎ木を行うことで感染・拡大する。

宿主植物および影響を受ける植物としては主にカラタチ属、キンカン属、ミ

図3 喜界島産ミカンキジラミ、メス成虫 体長2.8mm

カン属（*Citrus*）各種カンキツ類である。それ以外のミカン科の寄主植物はツゲコウジ *Atalantia buxifolia*、ワンピ *Clausena lansium*、ワンピ属の一種 *Clausena indica*、タナカ（あるいはゾウノリンゴ）*Limonia acidissima*、グミミカン（チャイニーズライム）*Triphasia trifolia* が知られている。ミカン科以外にはキョウチクトウ科のニチニチソウ *Catharanthus roseus*、フウチョウソウ科のアフリカフウチョウソウ *Cleome rutidosperma*、オシロイバナ科のトゲカズラ *Pisonia aculeata*、ヤマゴボウ科の *Trichostigma octandrum* から検出されている（CABI 2016）。また、ミカン科のゲッキツ *Murraya paniculata* からはアメリカ型のみが検出されている（Coletta-Filho et al. 2005）。ミカントガリキジラミの寄主植物でアフリカ型の感染が報告されている植物はミカン科のケープチェストナット *Calodendrum capense* とサルカケミカン属の一種 *Toddalia lanceolata* である（CABI 2016）。

（3）世界の分布

　CABI（2016）が報告している世界の発生事例をまとめると、アジア・オセアニア地域では、日本（南西諸島）、中国、台湾、フィリピン、ベトナム、カンボジア、タイ、ラオス、ミャンマー、インドネシア、パプアニューギニア、東チモール、マレーシア、バングラディッシュ、ブータン、ネパール、インド、スリランカ、パキスタン、イラン、サウジアラビア、イエメンから報告されている。アフリカ地域ではブルンジ、カメルーン、中央アフリカ、エチオピア、ケニヤ、マダガスカル、モーリシャス、レユニオン、ルワンダ、ソマリア、南アフリカ、スワジランド、タンザニア、ジンバブエの14の国と地域、北〜南アメリカ地域ではアメリカ、メキシコ、ベリーズ、コスタリカ、キューバ、ドミニカ、ホンジュラス、グアドループ、ジャマイカ、マルティニク、プエルトリコ、バージン諸島、アルゼンチン、ブラジル、パラグアイから報告されている（図4）。

　これらのうち、アジア地域の分布地はすべて媒介虫ミカンキジラミの分布範囲でアジア型のみの分布である。一方、アフリカでは、ほぼアフリカ型が分布しているが、レユニオンおよびモーリシャスではアジア型が併発している。また、北〜南アメリカ地域では、アメリカ合衆国、メキシコおよびブラジル、パ

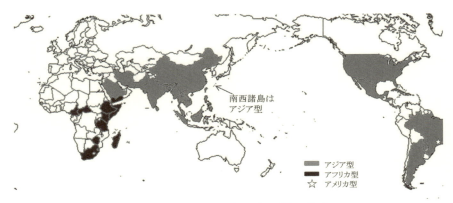

図4　カンキツグリーニング病の世界分布　CABI（2016）の情報に基づく

ラグアイで発生しているカンキツグリーニング病もアジア型であることが確認されている。アメリカ型については現在までにブラジルのサンパウロのみで確認されている。

（4）海外の被害事例

　本病は国際的にカンキツ産業にとって最も深刻な病気であるとみなされている。その被害は、例えばアフリカの国々における本病によるカンキツ樹の損失はそれぞれ30-100％であると報告されている（de Graca & Korsten 2004）。アフリカの仏領レユニオン島では、8年間の調査で65％の樹の重篤な被害が判明し、それらは定植後7年間は果実生産がなかったという（Aubert et al. 1996）。サウジアラビアでは1986年までにすべてのマンダリンオレンジとスイートオレンジが枯死し、ライムしか残らなかったといわれている（Aubert 1993）。また、インドネシアでは300万本のカンキツ樹がグリーニング病で枯死したといわれている（Tirtawadja 1980）。インドネシアのバリ地域においては、1990-91年に植栽されたマンダリンオレンジの樹のほぼ100％が1996年までに深刻な障害を受けていると報告されている（CABI 2016）。タイでは植樹後は5-8年の間に本病によって樹が減り続け、最低10年は待たないと、果実をつけて利益を生むようにならないという（Roistacher 1996）。世界全体の1990年代初頭までの被害は6千万本と推定されている（Aubert 1993）。また、その後1990年代後半

までの推定では、南アジア東南アジア地域で5千万本、アフリカ地域で1億本が枯死しただろうといわれている（Toorawa 1998）。

2005年に本病が初確認されたアメリカ合衆国フロリダのカンキツ被害については、詳細な経済的報告がなされている。それによれば、グリーニング病のまん延で栽培面積は37％減少し、生産量は58％にまで減少して、生産者・加工工場の稼働と雇用が減少したことも含めた2007年から2014年の経済的損失は7.8億ドルに上るという（Hodges et al. 2014）。

3　本邦への侵入と奄美群島での発生地拡大

わが国で本病が初めに報告されたのは、本病まん延地の台湾にほど近い西表島で1988年の調査で衰弱が認められたシークワーシャの樹から検出された（Miyakawa & Tsuno 1989）。1994年には沖縄本島で、1997年には南大東島を除く沖縄県全域（高江洲 2001）で感染樹が発見され、本病の沖縄県内への拡大が確認された。このため、隣接する鹿児島県奄美群島でも侵入が警戒され、衰弱樹の遺伝子診断調査が行われ、2002年4月には鹿児島県与論島で、2003年2月には沖永良部島知名町と徳之島伊仙町でも発生が確認された（濱島ほか 2003；尾川 2013）。このため、鹿児島県は国と各市町村の支援を受け、2003年4月からカンキツグリーニング病緊急対策事業を開始し、8月には徳之島の天城町、12月には沖永良部島和泊町と喜界島でさらなる感染樹が確認された（篠原ほか 2006；尾川 2013）。この後、現在まで奄美群島のほかの島およびほかの市町村では本病の感染樹は確認されていない。したがって、現在までに鹿児島県内で本病を確認した市町村は、喜界町を北限として、天城町、伊仙町、和泊町、知名町、与論町の6町である（図5）。ただし、本病を媒介するミカンキジラミは奄美群島を自然分布の北限としている。このため、奄美群島より北の地域ではミカンキジラミの発生を見つけたら直ちに防除し、寄生していた樹を調査すれば、本病の侵入を早期に防ぐことが可能である。一方、群島内ではミカンキジラミはごくありふれた普通の虫である。また、保毒虫と健全虫を外見で識別することができない。そのため、本病の病原細菌を保毒したキジラミ成虫が飛来してカンキツ樹に次々と病原細菌を接種して回っていても、私た

第 1 部　昆虫・小動物・微生物

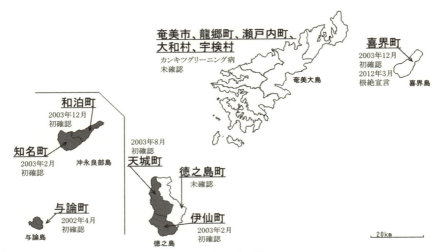

図 5　奄美群島におけるカンキツグリーニング病の発生地域

ちには気付くことはできない。グリーニング病が確認されていない群島内のほかの市町村でも、ミカンキジラミが分布する以上、注意を怠ることはできないのである。

4.　奄美群島における防除対策

（1）喜界島の実例

a. 緊急防除事業

　喜界島はわが国における本病分布の最北端であり、また、島内の発生範囲が大朝戸・西目という実質的な 1 集落に限定的であった。このため、農林水産省は植物防疫法上の「重要病害虫に対する緊急防除事業」として、平成 19 年 4 月から喜界島での根絶を目指す防除を開始し、同時に鹿児島県の与論島、沖永良部島、徳之島にはカンキツの苗木などおよびミカンキジラミの移動規制措置を実施している。緊急防除事業とは新たに国内に侵入またはすでに国内の一部の地域に発生している植物の病害虫が、農作物に大きな被害を与えるおそれがある場合に、まん延を防ぐために病害虫を一部地域に封じ込め根絶するための緊急的な防除措置である。緊急防除では、狭い区域で短い期間に行うことが

前提とされ、そこでは、農林水産大臣は発生した病害虫および寄主植物の作付けを制限または禁止し、譲渡または移動を制限し、消毒、除去、廃棄などの措置を命令することができる。また、緊急防除を行う場合、植物防疫法では「農林水産大臣は、地方公共団体、農業者の組織する団体または防除業者に対し防除に関する業務に協力するよう指示することができる」と明記されている。そして、実際には、防除事業中の多数の制限事項で、地域の行政も住民の生活も大きな影響を受けるため、発生する地域の完全な理解と協力体制が得られなければ、本病のような重要病害虫の根絶は不可能である。このため喜界島の場合でも、国の植物防疫所、鹿児島県、喜界町、地元集落や組合、大学などが協力して緊急防除事業が展開された。

　余談ではあるが、農林水産省はカンキツグリーニング病を「重要（特殊）病害虫」に指定している。国内未発生か、あるいは国内の一部の地域に発生が限定されていて、国内にまん延すると有用な植物に重大な損害を与えるおそれがある病害虫として農林水産省が指定したもので、ウリミバエ、ミカンコミバエ、アリモドキゾウムシ、イモゾウムシ、アフリカマイマイ、ウメ輪紋病ウイルスなどが含まれている。前述の「緊急防除事業」は新たな発生地でまん延前に、地域限定的かつ短期的に行われるものである。分布は限定的であるが、すでにある地域にまん延している重要病害虫に対して行われる根絶事業とは、法律上区別されている。

b. 罹病樹探索

　グリーニング病の特徴として挙げたように、感染初期のぼんやりとした黄色い斑紋を生理障害による黄変と識別することは困難である。また、経験上、園地のタンカンでは感染するとすぐに病徴が現れるが、民家庭先の島の在来カンキツ類では、本病原細菌に感染していても、すぐに症状が現れない潜伏感染の状態を示すこともしばしばである。しかし、潜伏感染した樹でも、寄生したミカンキジラミが本病を保毒して媒介することは知られている。このため、現地を回って目視で前述のカンキツグリーニング病の類似症状（病徴）が現れるものだけを選んで採取し、遺伝子診断しても、潜伏感染の無病徴樹を見落としてしまい、感染が広がる恐れがある。そのような病状から、緊急防除において罹

病樹探索は、病徴のある樹からのサンプル採取を優先するものの、各地点ごとにあらかじめカンキツ樹の植栽数を把握して、一定の割合の樹から、病徴がなくても葉を採集して遺伝子診断する必要があった。

c. 喜界町によるカンキツ地図作製

　罹病樹探索する際に、病徴がない樹からもサンプル採取をしながら、喜界島の発生集落では緊急防除期間中にすべての樹を遺伝子診断しなければ本病を根絶したとは判断できない。また、キジラミによる感染拡大の可能性もあるため、発生集落のみではなく、喜界島のほかの集落でも、同時に類似の調査をする必要がある。発生集落内のカンキツ樹は事前調査から約3,000本あり、喜界島全体では3万〜4万本あると推定されている。しかし、遺伝子診断には時間も費用も掛かるため、4カ月に一回の定期調査で2000〜3000枚の葉のサンプルを診断するのが限界である。したがって、サンプルとなる葉の採取は、完全に計画的に行わなければ、無駄な重複診断や診断漏れが起こってしまう。このような調査ロスを避けるために、カンキツ樹が、どこの家の庭先に何本、どこの園地に何本といった情報を整理し、発生地域すべてを網羅した地図が必要となる。

　喜界島の緊急防除では、喜界町が独自予算で発生地域大朝戸・西目集落の地図（図6）を整備した。この地図ではGPSを使用した測量によって集落内のすべてのカンキツ樹の位置が地図上に落とされており、地図上の樹1本ごとに個体識別番号が付され、さらに、実際の集落内の

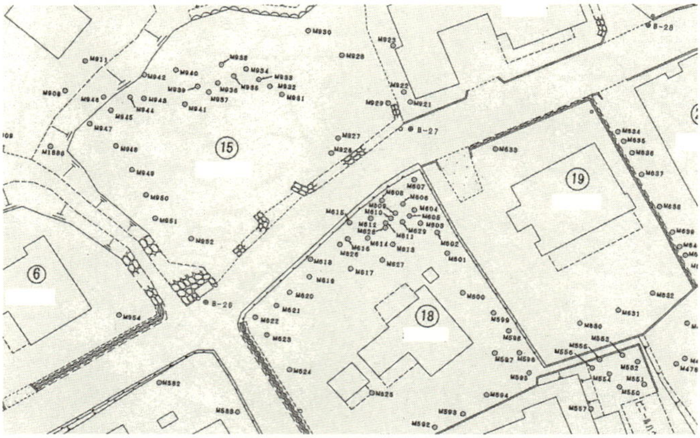

図6　カンキツグリーニング病根絶防除のために喜界町が作製した大朝戸集落のカンキツ地図
　　　図内の丸数字が各地点（家あるいは園地）番号、小さい文字で書き込まれたM+3桁数字が1本ごとの樹の識別番号

約3000本の樹一本一本に地図上の番号と同じ番号を付した金属タグ（図7）が巻き付けられた。この地図は、その後喜界島での根絶防除および根絶確認において無駄なサンプル採集や採集漏れを防ぐために絶大な威力を発揮した。

図7 大朝戸・西目集落のすべてのカンキツ樹に針金で取り付けられた樹番号識別用の金属タグ

d. 伐採（ゲッキツも含む）

　緊急防除初年までに前述の罹病樹探索調査によって遺伝子診断で感染が確認されたカンキツ樹（28本）はすべて伐採された。さらに、その感染樹から半径5m以内のカンキツ樹は、潜在感染の可能性が高いため、一律にすべて伐採された。しかし、「奄美群島でのカンキツ栽培の状況」で述べたとおり、群島ではカンキツ樹は、祖先の記念樹であったり、家の守り神のように考えられている場合がある。そのため、これらの伐採の際には、それぞれの樹の所有者（栽培者）への説明、了解が必要であり、鹿児島県の担当者は所有者への説明・説得に相当に腐心したという。

　奄美群島地域では、民家の生け垣としてミカン科のゲッキツ（シルクジャスミン・オレンジジャスミン）を植える家が多い。しかし、残念なことに、このゲッキツは、グリーニング病媒介虫のミカンキジラミにとって、大変に好ましい寄主植物であり、増殖率が高い。したがって、感染樹の周辺にゲッキツがあると、媒介虫の数を増やしてしまう確率として、グリーニングを保毒する虫の数が増え、その結果グリーニング感染樹の数が増えてしまうと考えられる。そのため、早期の根絶のためにはグリーニング病発生地域ではゲッキツがないことが望ましい。緊急防除2年目には、発生地区である大朝戸・西目集落の住民の皆さまが協力して、自主的に庭先などのゲッキツをすべて伐採してくれた。この伐採は同地区でのミカンキジラミ抑圧の速度を加速し、期間内に喜界島からグリーニング病を根絶するための大きな後押しとなった。

e. 移動禁止（苗木なども含む）

　この緊急防除期間は集落内のすべてのカンキツ樹（苗、および接ぎ木用の枝なども含む）の移動を禁止した。こうすることで、ミカンキジラミの媒介以外の要因によるカンキツグリーニング病の感染拡大を防ぐことができる。

f. 媒介虫ミカンキジラミの防除対策（一斉防除）

　現在までにカンキツグリーニング病病原細菌自体を直接防除するための方法および農薬は存在しない。したがって防除するためには、媒介虫による感染拡大を完全に阻止したうえで、発生地区内の罹病樹をすべて伐採するしかない。媒介虫による感染拡大を完全に阻止するには、同地区内でミカンキジラミの発生をほぼゼロといえるレベルまで抑圧するしかない。そのために、鹿児島県が取った防除法はクロチアニジン水溶剤を集落全体で一斉に散布する方法であった。この殺虫剤は浸透移行性があり残効が長いため、散布後も比較的長く効果を持続する。そのため、喜界島発生地域では年3回の薬剤散布（図8）でキジラミの発生をほぼゼロに抑え続けることに成功した。なお、散布2週間後には必ず確認調査としてミカンキジラミの

図8　大朝戸・西目集落で一斉防除として行われた農薬散布の様子

発生が調査され、発生が認められた樹があった場合には追加防除が行われた。集落内の約3000本の樹のすべてに一斉に殺虫剤散布をするためには多数の作業者が必要であったが、県や町の職員だけでなく地元集落住民の全面的な協力があり、年3回の殺虫剤散布は5年間無事に実施された。

g. 定期発生調査・駆除確認調査

　ミカンキジラミの野生虫が野外でどれほどの距離を飛翔するのかは不明であ

るが、鹿児島県の調査では、マーキングして放飼した虫は通常50 mほどしか飛ばず、遠くまで飛んでもせいぜい100 mくらいであろうと推定されている。このため、1本の罹病樹で保毒したミカンキジラミは通常は半径50-60 m以内の樹に降り立つだろうと推定されるが、地上付近での強風や上昇気流の発生などの好条件が重なると100 mを超えるかもしれない。そのため、キジラミが前述の調査以上に飛んでしまうことも考慮して、罹病樹を中心とした半径60 mと500 mの円を設定した。年3回の定期発生調査では、これらの円内については特に集中的に調査するようにした。具体的には500 m円内全樹を目視調査し、疑似・類似症状がある樹の葉はすべて持ち帰って遺伝子診断を行うようにした。また、そのような症状がない樹についても3分の1程度の樹の葉は持ち帰って遺伝子診断を行った。こうすることで、毎年1度はどの樹も遺伝子診断にかけられることになる。また、罹病樹伐採地点を中心として半径60 mの円内の樹はほぼ毎回サンプルを持ち帰り遺伝子診断に供試するようにした。また、半径500 m円外も集落ごとの推定樹数から一定数の樹の葉を採葉して遺伝子診断した。このような定期発生調査で2007年11月に4本の新たな罹病樹が集落中心部で発見されたが、それに続く2008年2月の定期調査から連続3カ年9回の定期調査では罹病樹は発見されなかった。

　3年間罹病樹ゼロが続いたことから、2011年から1年間、合計3回の国による駆除確認調査が行われた。この調査では、さらにこの500 m円よりも外側にある樹はすべて目視診断後に各地点（庭先および園地）から統計学的に決まった樹数からサンプルを採取し、これまでより感度の高い方法で遺伝子診断を行った。この調査樹数は、国の専門家と鹿児島県で協議して決定した。まず、罹病樹ゼロが始まった「2008年2月調査時に1本の感染樹の見落としがあったと仮定」して、その後3年間感染拡大していれば、30本程度に感染樹が増えているはずである。その数の感染樹が現地に存在した場合に、1本も検出できない確率がほぼゼロになるように、調査樹数を算出して調査した結果、感染樹が見つからなければ、すなわち、後でその数を各地点で採取し、3回連続の調査（1年間）で1本も感染樹が見つけられなければ、「2008年2月調査時に1本の感染樹の見落としがあったと仮定」したことが間違いであったと判断して、その地域の感染樹がゼロであるという証明となる。こうして、2012年2月の

調査まで新たな感染樹は発見されず、2012年3月に、喜界島の緊急防除によるカンキツグリーニング病の喜界島からの根絶宣言が出されたのである。

(2) 徳之島・沖永良部島・与論島

　根絶に成功した喜界島では、感染樹数が最終的にはたったの28本であった。一方で、それ以南の徳之島、沖永良部島、与論島は、2006年3月までの調査ですでに、それぞれ、369本、94本、565本の感染樹が発見されている（篠原ほか2006）。現在までこれらの3島でも本病発生地域では媒介虫ミカンキジラミの防除対策として殺虫剤散布を行い、同時に、継続的な本病の定期発生調査を行って遺伝子診断し、罹病樹が発見されれば伐採を行っている。しかし、この3島合計で年間2万本以上の樹の葉を遺伝子診断せねばならず、多大な時間と労力を費やしている。また、発生数がより多いため、効率的な感染樹の検出と防除モデル構築が必要とされている。そのためには、グリーニング病原細菌の生態や感染環、野生のミカンキジラミの移動分散能力の正確な推定が急務である。また、現在のミカンキジラミ防除法では、大量の殺虫剤散布が必要であり、その殺虫剤が飛散し、周辺環境に影響を及ぼしてしまうことも危惧されている。そのため現在鹿児島県では、この3島での防除対策のために、1）グリーニング病原細菌の伝染に関する生態の解明と病原菌検出技術の精度向上に伴う感染樹早期発見技術の確立、2）ミカンキジラミに対して環境負荷の小さい防除技術の確立を目指している。

5　おわりに

　喜界島での根絶確認は、限定された地域で少数の感染樹数であったとはいえ、世界初の根絶例であり、これを成し遂げた意味は大きい。しかし、それ以南の南西諸島各島では、いまだにグリーニング病感染樹の発見が続いており、まだまだこの特殊病害との戦いは終わらない。このために鹿児島県や沖縄県および国の研究者が、罹病樹の早期発見と効率的な感染拡大阻止技術の開発を目指して、様々な研究を進めている。本稿ではここまでに感染拡大阻止技術として媒介虫の防除を取り上げてきたが、これと同時に国の植物防疫所で注意している

のは人為的な接ぎ木による感染拡大である。罹病した樹の枝をほかの樹に接ぎ木すれば、当然感染は拡大するのである。そして、潜伏感染している間は、本病の専門家でも肉眼で罹病樹を識別するのは困難なため、同病発生地域のカンキツ樹から枝を取って接ぎ木をすることは、たとえ発生地域内同士であっても避けなければならない。

　また、媒介虫であるミカンキジラミも保毒しているかどうかは、遺伝子診断をしない限り判定できない。したがって、ミカンキジラミの移動も可能な限り抑え込まなければならない。もし、本病の潜伏感染期間が最大5年程度と仮定されるならば、この期間一切、接ぎ木もしない、ミカンキジラミも発生させないことで、その地域のグリーニング病感染樹はすべてが病徴を示すので、伐採してグリーニング病がほぼ根絶された状態が作れるかもしれない。これを実践するためには、国、県、市町村などの対策だけではなく、市民レベルで「接ぎ木はしない・させない」「ゲッキツなども含めたカンキツ上での媒介虫に対するこまめな防除対策を行う」という意識をもつことが、根絶を早めるためのポイントになるだろうと思われる。

引用文献

Aubert B (1993) Citrus greening disease, a serious limiting factor for citriculture in Asia and Africa. Proceedings of the 4th Congress of the International Society of Nurserymen, 134-142. Johannesburg

Aubert B, Grisoni M, Villemin M, Rossolin G, (1996) A case study of huanglongbing (greening) control in Réunion. In da Graça JV, Moreno P, Yokomi RK eds., Proc. 13th Conference of the International Organization of Citrus Virologists (IOCV). 276-278. University of California, Riverside

Bové JM, Calavan ED, Capoor SP, Cortez RE, Schwarz RE (1974) Influence of temperature on symptom of Californian stubborn, South African greening, Indian citrus decline and Philippines leaf mottling disease. In Weathers LG, Cohen M ed. Proceedings of the 6th Conference of the International Organization of Citrus Virologists. 12-15. University of California, Berkeley

CABI (2016) citrus huanglongbing (greening) desease citrus greening. CABI Invasive species compendium. [http://www.cabi.org/isc/datasheet/16567]．（2016 年 11 月閲覧）

Coletta-Filho H, Takita M, Targon M, Machado M (2005) Analysis of 16S rDNA sequences from citrus Huanglongbing bacteria reveal a different 'Ca. Liberibacter' strain associated with citrus disease in São Paulo. Plant Disease 89: 848-852

da Graca J, Korsten L (2004) Citrus Huanglongbing: Review, present status and future strategies. In Navqui S, ed. Diseases of Fruits and Vegetables: Diagnosis and Management, Vol 1.

濱島朗子・橋元祥一・永松講二・牟田辰朗（2003）鹿児島県におけるカンキツグリーニング病の初発生．日植病報 69：307-308（講要）

Hodges AW, Rahmani M, Stevens TJ, Spreen TH (2014) Economic impact of the Florida citrus industry in 2012-13. Final sponsored project report to Florida dept. of citrus. 39pp. Gainesville Florida

Lallemand J, Fos A, Bové JM (1985) Transmission de la bacteria associe a la forme africaine de la maladie du "greening" par le psylle asiatique *Diaphorina citri* Kuwayama. Fruits 41: 341-343

Miyakawa T, Tsuno K (1989) Occurrence of citrus greening disease in the southern islands of Japan. Annals of Phytopathological Society of Japan 55：667-670

尾川宜広（2013）鹿児島県におけるカンキツグリーニング病の発生と喜界島での根絶．果実日本 68 (8): 69-72

Roistacher CN (1996) The economics of living with citrus diseases: Huanglongbing (greening) in Thailand, 279-285. In da Graça JV, Moreno P, Yokomi RK eds. Proc. 13th Conference of the International Organization of Citrus Virologists (IOCV), 279-285. University of California, Riverside

篠原和孝・湯田達也・倉本周代・濱島朗子・橋元祥一・時村金愛・佐藤哲二（2006）奄美諸島におけるカンキツグリーニング病の発生調査（第 1 報 奄美諸島における分布の特徴）．九病虫研会報 52: 6-10

Su HJ (2001) "Citrus Greening Disease". Food & Fertilizer Technology Center for the Asian and Pacific Region. [http://www.fftc.agnet.org/ library.php?func=view&id=20110714095135]（2016 年 11 月閲覧）

高江洲和子（2001）沖縄県におけるカンキツグリーニング病の発生状況．今月の農業 45: 76-80

Teixeira DC, Saillard C, Eveillard S, Danet JL, Costa PI, Ayres AJ, Bové J (2005) '*Candidatus* Liberibacter americanus', associated with citrus huanglongbing (greening disease) in Saõ Paulo State, Brazil. International Journal of Systematic and Evolutionary Microbiology 55: 1857-1862

Tirtawadja S (1980) Citrus virus research in Indonesia. In Calavan E, Garnsey S, Timmer L eds. Proceedings of the 8th Conference of the International Organizantion of Citrus Virologists. (IOCV), 129-132. University of California, Riverside

第 2 部

脊椎動物

第1章

薩南諸島の陸水の
外来生物：魚類とカメ類

米沢　俊彦・興　克樹・久米　元

1　国内外来種

薩南諸島では現在、国内外来種6種（コイ・ギンブナ・オイカワ・ウグイ・ドジョウ・ヤマメ）の生息が確認されている（表1）。これら国内外来種のなかで、コイは江戸時代に養殖が開始され、古くから食用、観賞用として日本国内で盛んに放流されてきた。現在、薩南諸島において種子島、屋久島、奄美大島と多くの島の陸水域に広く定着している（口絵参照）。「世界の侵略的外来種ワースト100」に選定されているコイは雑食性であり、植物や水生昆虫、底生動物、魚類、両生類などを多岐にわたり摂餌することから、在来の生態系全体への影響が強く懸念される。

表1　薩南諸島の国内および国外外来種

標準和名	学名	薩南諸島での分布
コイ	*Cyprinus carpio*	種子島、屋久島、奄美大島
ギンブナ	*Carassius* sp.	奄美大島
オイカワ	*Opsariichthys platypus*	種子島、徳之島
ウグイ	*Tribolodon hakonensis*	屋久島
ドジョウ	*Misgurnus anguillicaudatus*	奄美大島
ヤマメ	*Oncorhynchus masou masou*	屋久島
グリーンソードテール	*Xiphophorus hellerii*	奄美大島
サザンプラティフィッシュ	*Xiphophorus maculatus*	種子島、沖永良部島
カダヤシ	*Gambusia affinis*	奄美大島、沖永良部島、与論島
グッピー	*Poecilia reticulata*	喜界島、沖永良部島
オオクチバス	*Micropterus salmoides*	種子島
カワスズメ	*Oreochromis mossambicus*	徳之島、沖永良部島
ナイルティラピア	*Oreochromis niloticus*	沖永良部島
ジルティラピア	*Tilapia zillii*	奄美大島、徳之島、沖永良部島

コイ同様、ギンブナも古くから食用として国内で盛んに放流されてきた。本種はもともと奄美大島の住用川上流のフォレストポリスのビオトープに放流された九州産の個体だが、現在では住用川に定着している。奄美大島には在来のフナ属の一種が生息しており、環境省により絶滅危惧IA類に、鹿児島県により絶滅危惧I類に指定されている。遺伝的にも非常に貴重な奄美大島のフナ属の一種であるが、本種との交雑や競合が大いに懸念される。

オイカワはもともと放流用のアユの種苗に混入して侵入したと考えられる。種子島と徳之島で定着が確認されており、種子島の一部の河川では優占種となっている。

国内に広く分布するウグイも屋久島の安房川に定着していることが確認されている。屋久島には、国内に広く分布するアユとは遺伝的に異なる貴重なアユ個体群が生息しており（澤志ほか 1993）、鹿児島県により消滅危惧II類に指定されている。ウグイはもともと安房川の上流のダム湖に放流されたものだが、ダムより下流に流下し、そこに生息している個体も存在し、産着卵に対する捕食を介してのアユ個体群への影響が懸念される。

ドジョウは住用川上流のフォレストポリスのビオトープに九州産の個体が放流された。ドジョウは奄美大島にもともと生息しており、鹿児島県により消滅危惧I類に指定されている。奄美大島在来のドジョウと持ち込まれた九州産のドジョウとでは、遺伝的に異なる可能性があり、交雑や競合が生じる恐れがある。

ヤマメもまた、古くから食用、釣りの対象魚として国内で放流されてきた。ヤマメは冷水性の魚類で、鹿児島県内の自然分布は米ノ津川水系と川内川水系のみであり、両水系が本種の自然分布の南限となる。薩南諸島において、本種は屋久島で定着が確認されている。屋久島には 1970 年に系統保存の目的で多摩川由来の種苗が放流された。ただし、屋久島ではもともと在来の冷水魚が生息していないため、在来生態系に及ぼす影響は現在のところ不明である。

2　国外外来種

薩南諸島では合計 8 種の国外外来種（グリーンソードテール・サザンプラテ

ィフィッシュ・カダヤシ・グッピー・オオクチバス・カワスズメ・ナイルティラピア・ジルティラピア）の生息が確認されている（表1）。

　これら8種のうち、薩南諸島では、北アメリカを原産地とするカダヤシ、中央アメリカを主な原産地とするグリーンソードテール、サザンプラティフィッシュ、グッピーのカダヤシ科4種の定着が確認されている。現在、カダヤシは奄美大島、沖永良部島、与論島に、グリーンソードテールは奄美大島に、サザンプラティフィッシュは種子島、沖永良部島に、グッピーは喜界島、沖永良部島にそれぞれ生息している。もともとカダヤシは蚊の駆除を目的として放流され、それ以外の3種は観賞用として持ち込まれ、逸出あるいは飼いきれなくなったものが放流され、野生化したと考えられている。これらの種はいずれも雑食性で、かつ、胎生種で繁殖力が強いため、在来種に与えるインパクトは非常に大きいと考えられる。なお、カダヤシは「世界の侵略的外来種ワースト100」「日本の侵略的外来種ワースト100」に選定されている。

　北アメリカを原産地とし、釣りの対象魚としてダム湖を中心に放流され、国内で広く野生化している国外外来魚の1種であるオオクチバスであるが、本種も種子島の西京ダムで定着している。オオクチバスはカダヤシ同様、「世界の侵略的外来種ワースト100」「日本の侵略的外来種ワースト100」に選定されている。薩南諸島において、オオクチバスと同じサンフィッシュ科で、同様に国内で国外外来種として在来生態系への影響が懸念されているブルーギルの生息状況については、今のところ不明である。

　アフリカを原産地とするカワスズメ（モザンビークティラピア）、ナイルティラピア（チカダイ）、ジルティラピアのカワスズメ科3種も国外外来種として薩南諸島に定着している。現在、カワスズメは徳之島、沖永良部島に、ナイルティラピアは沖永良部島に、ジルティラピアは奄美大島、徳之島、沖永良部島にそれぞれ生息していることが分かっている。これら3種はもともと食用として持ち込まれたものが野生化したと考えられる。カダヤシ科同様、3種はすべて雑食性で、親が子を保護するという習性をもつことから繁殖力が強い。温泉地帯に分布が限られるカワスズメに対し、ティラピア類の中では比較的低水温に強く、分布範囲の広いナイルティラピア、ジルティラピアがほかの在来の生物に及ぼす影響はより大きいと考えられる。なお、カワスズメは「世界の侵

略的外来種ワースト100」に選定されている。

3　国外外来種グリーンソードテールの生態

　これまで説明したように、薩南諸島で合計14種の外来種の定着が確認されているが、今後、調査を継続していけばさらにその種数が増える可能性は高い。また、外来魚が薩南諸島の在来生態系に及ぼす影響についてはこれまで科学的にほとんど検証されていない。我々のグループではグリーンソードテール（図1）が在来生態系に及ぼす影響について明らかにするために、2016年度から生態調査を開始した。

図1　奄美大島半田川でみられる国外外来種グリーンソードテール

　グリーンソードテールは中央アメリカを原産とする種で、少なくとも31カ国で国外外来種として定着していることが知られている（Maddern et al. 2012）。奄美大島では2011年以降定着が確認されている。現在、本種は調査水域としている龍郷町の半田川において魚類のなかで最優占種となっており、ミナミメダカなどの在来個体群に対する影響が懸念されている。

　これまでに、本種の雌の卵巣内の受精卵を観察したところ、出産間近の胚が確認されたことから、本種は半田川で再生産を行っていると考えられた。また、出産間近の胚が、これまでに調査を行っていない冬を除くすべての季節にみられたことから長期にわたり産卵を行っている可能性が示唆されている。本種の本来の分布域（北緯12-26度）より高緯度に位置する西オーストラリアのアーウィン川（南緯29度15分）では冬でも繁殖していることが確認されている（Maddern et al. 2012）。アーウィン川より高緯度に位置する半田川でも周年産卵を行っている可能性は高い。また、一回当たりの産卵数は、半田川の個体群では最多で100以上と、アーウィン川の個体群の75に比べて非常に多いこ

とも分かってきた（Maddern et al. 2012）。食性に関する調査結果から、アーウィン川の個体は雑食性を示し、稚魚は水生無脊椎動物を高い割合で摂餌し、成長に伴い餌生物の組成は変化することが分かっている（Maddern et al. 2012）。

今後も継続して調査を行い、繁殖習性に加え食性などの生活史特性についても詳細に明らかにし、本種が餌に対する競合や捕食を通して在来生態系に及ぼす影響について評価する必要がある。ちなみに、半田川には国外外来魚であるジルティラピアも非常に多く生息しており（口絵参照）、グリーンソードテール同様、在来生態系に及ぼす影響について大いに懸念されるところである。早急に対策を講じる必要がある。

4　陸水環境における魚類以外の外来生物

奄美大島でこれまでにスッポン、クサガメ、ミシシッピアカミミガメ、ヤエヤマイシガメ、カミツキガメの5種の生息が確認されているが、奄美大島にはもともと淡水カメは生息していないため、これらはすべて外来種である（奄美大島自然保護協議会 2016）。また、エビ類では奄美大島でアメリカザリガニが、種子島でオニテナガエビの分布が確認されている。奄美大島ではこのように魚類以外の陸水の外来種に関する若干の情報があるが、それ以外の島では分布状況を含め、いまだ十分な情報が存在しないというのが現状である。

淡水カメ5種のうち、現在最も個体数が多く、奄美大島のほぼ全域に分布域を広げているのがスッポンである。奄美大島のスッポンは、もともと日本本土から養殖などの目的で持ち込まれたものが野生化したと考えられている（Sato & Ota 1999）。雌雄の生殖腺を調べたところ、ともに成熟に達した個体が多くみられたことから、本種は島内で再生産を行っている可能性が極めて高い。胃内容物について調査したところ、昆虫類、甲殻類、貝類、種子植物と動植物を問わない幅広い分類群の生物を摂餌していることが分かった。

スッポンの生息が確認された奄美大島の役勝川や住用川には、リュウキュウアユをはじめとした希少な水生生物が多く生息している（久米 2016）。ほかの外来生物と同様に、餌生物の競合や捕食を介して、スッポンがこうした多くの在来生物に及ぼす影響が懸念される。スッポン以外の4種については、十分な

個体数について調査を行っておらず、繁殖状況などについてはいまだ情報が限られている。これら4種の生息水域はスッポンに比べてまだ限られている可能性が高く、これ以上の分布域の拡大を防ぐために、駆除活動を含め、早急に対応しなければならない。

　2015年度より、奄美大島において我々は地元住民を巻き込みスッポンなどの外来生物の駆除活動を開始した。薩南諸島の貴重な在来の生物多様性を守っていくためには、こういった外来生物が定着している水域について早急に明らかにした上で、薩南諸島全域を対象とした継続的な駆除活動が必要である。いったん、移入してしまった外来生物を根絶することは非常に難しい。今後は継続的な駆除活動とともに、新たな外来生物を安易に侵入させないための地元住民に対する啓発及び教育活動により一層力を注いでいく必要がある。

引用文献

奄美大島自然保護協議会（2016）平成27年度奄美大島移入水生生物調査事業報告書. 13pp. 奄美

久米 元（2016）絶滅危惧種リュウキュウアユの生活史. 鹿児島大学生物多様性研究会編, 奄美群島の生物多様性. 254-260. 南方新社. 鹿児島

Maddern MG, Gill HS, DL Morgan (2011) Biology and invasive potential of introduced swordtail *Xiphophorus hellerii* Heckel (Poeciliidae) in Western Australia. Aquatic Conservation: Marine and Freshwater Ecosystems 21: 282-291

澤志泰正・藤本治彦・東 幹夫・西島信昇・西田 睦（1993）琉球列島北部におけるアユの分布ならびにその遺伝的・形態的特徴. 日本水産学会誌 59: 191-199

Sato H, Ota H (1999) False biogeographical pattern derived from artificial animal transportations: A case of the soft-shelled turtle, *Pelodiscus sinensis*, in the Ryukyu Archipelago, Japan. Ota H ed., Tropical Island Herpetofauna: Origin, Current Diversity, and Conservation, 317-334. Elsevier Science Ltd. Amsterdam

第 2 章

薩南諸島の外来種問題：
爬虫類・両生類の視点から

太田　英利

はじめに

　薩南諸島は大隅諸島の屋久島、種子島から奄美群島の与論島にかけて連なる島々で、北に鹿児島県の本土部が、南西側には沖縄県の沖縄諸島が隣接している。薩南諸島には現在、陸生爬虫類が計 32 種、両生類は計 16 種が在来分布しており、その種組成や近年の分子系統地理学的解析結果から、おおまかに、三島諸島を含む大隅諸島から成る「大隅エリア」、口之島から悪石島にかけてのトカラ列島北部から成る「トカラエリア」、宝島などのトカラ列島南部と奄美群島から成る「奄美エリア」に分けることができる。
　このうち大隅エリアでは、屋久島でヤクシマタゴガエルが固有分類群となっており、また、ヘリグロヒメトカゲがトカラエリア以南のみと共通するが、これら以外のすべての在来種が九州本土と共通している。理由としては、主要島（屋久島、種子島）がヴュルム氷河最盛期（今から約 1.5 〜 2 万年前）の海水面低下時に九州と一体化したことが挙げられている（Ota 1998, 2000）。一方、奄美エリアはそこに分布する種の大半が沖縄諸島と共通するか、あるいは沖縄諸島に姉妹群を持つ固有種となっており（Okamoto 2017; Ota 1998, 2000）、その一方で大隅エリアやそれ以北のみと共通する種は見られない。
　トカラエリアは、区系生物地理学的には旧北区と東洋区の境界線である渡瀬線が通ることで長く注目されてきた。爬虫・両生類については奄美エリアから大隅エリアへの移行帯と位置づけられていたが（Hikida et al. 1992）、最近では固有の新種クチノシマトカゲをはじめ、生物学的に興味深い発見が相次ぎ（た

とえば Kurita & Hikida 2014a, b; Tominaga et al. 2015)、その生物地理学的意義の再評価が進められている。

　このような薩南諸島において、生物の人為的移動によって引き起こされる外来種の問題は、残念ながらさまざまな形で、この地の自然遺産候補地としての価値の中心である在来生物の多様性や固有性に、大きな影響を及ぼしつつある。この脈絡では、特に近年、人為的に移入された各島で食物網の頂点を占めてしまい、そのため在来生態系、生物多様性へのインパクトが顕著な外来性食肉目（ノネコ、マングース、イタチ）に関しては、定着の結果引き起こされている問題の深刻さが認識されつつある（たとえば Nakamura et al. 2013, 2014; Ota 1994; Watari et al. 2008 など）。しかし、それ以外の分類群を含む外来種の問題の、より広く包括的な視点からの現状把握は、きわめて不十分なままと言わざるを得ない。

　ここでは特に爬虫類と両生類を取り上げ、これまでに薩南諸島から知られている外来種や外来性個体群の現状について概観する。そして、これらが在来の生態系、生物多様性にもたらす影響とそのメカニズム、さらには薩南諸島の自然遺産の核をなす在来の生態系・生物多様性を守っていくために望まれる対策について考えてみたい。

外来性爬虫類、両生類の現状と影響、望まれる対策

　これまでに薩南諸島で確認された外来性の爬虫類のうち、個体群として定着しているかその可能性が高いものとしては、ホオグロヤモリ、タシロヤモリ、ミナミヤモリ（一部個体群）、オキナワキノボリトカゲ（一部個体群）、ブラーミニメクラヘビ、シマヘビ（一部個体群）、ミシシッピアカミミガメ、ミナミイシガメ、クサガメ、ニホンスッポンの10種が知られている。また、両生類では、ウシガエル、シロアゴガエル、ヒメアマガエル（一部個体群）の3種が挙げられる。このほか、奄美群島のひらけた低地に多く見られるヌマガエルも古い外来種である可能性があるが（太田 2016）、ここでは暫定的に在来種としておく。なお上記のうち、本来分布しなかった奄美エリアに日本本土から意図的に導入され、現在では少なくとも奄美大島、喜界島、徳之島で野外個体群として定

着しているニホンスッポン（太田・佐藤 1997; Sato & Ota 1999; 佐藤ほか 1997）については、本書中では別途取り上げられるので、ここでは詳しい解説は省く。

1 爬虫類

上に挙げた外来性爬虫類のうちホオグロヤモリ（口絵参照）は、現在では太平洋とインド洋の熱帯・亜熱帯島嶼と大陸沿岸域に広く見られるが、これは大航海時代以降の交易活動などに伴う人為的分散の結果とされる。従来の分布はそのごく一部、おそらくはせいぜい東南アジアから南アジアにかけての範囲であったことが、古い文献記録や遺伝的多様性の地理的パターンなどにもとづいて示唆されている（Moritz et al. 1993; Ota 1989 など）。薩南諸島は本種の現在の広大な分布の北限となっており、1990年代までは、徳之島より北では見られなかった。ところが、2000年代に入るとホオグロヤモリは、それより北の奄美大島や喜界島でも観察されるようになり、特に奄美大島内では生息範囲が広がり、密度も上昇傾向にあることが報告されている（Kurita 2013; 太田 2009:

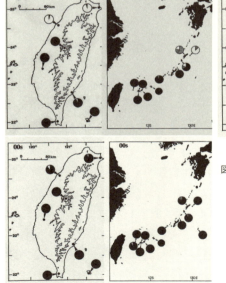

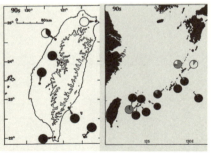

図1　1980年代（左上）、1990年代（右上）、2000年代（左下）の台湾や琉球列島各地の市街地で、燈火下に見られたヤモリ類の種組成。台湾、薩南諸島のいずれにおいても、時間の経過とともにホオグロヤモリ（個々のパイグラフの黒塗りの部分）が北上し、それに伴いタシロヤモリ（同、空白部分）をはじめ他種の割合が減少しているのがわかる（太田〔2009〕より転用）

図 1)。ホオグロヤモリは住家性が強く、オセアニアのいくつかの島嶼域では本種が侵入すると、それまでいたほかの住家性のヤモリ類が減少ないし消滅する傾向が報じられている（Case et al. 1994）。薩南諸島および台湾でも、少なくとも人工的な環境下では本種の進出・増加に伴い、それまで多く見られた他種のヤモリ類（タシロヤモリ、ミナミヤモリなど）に、顕著な減少傾向が認められている（太田 2009）。

　ホオグロヤモリは、琉球列島南部や沖縄諸島へは、遅くとも 19 世紀末までには侵入・定着を終えていた（たとえば Stejneger〔1907〕は 1854 年に沖縄島で、1899 年には石垣島と宮古島で採集された本種の標本を、複数表に示している）。それにもかかわらず、徳之島より北の薩南諸島からは 1990 年代末まで記録されなかった（太田 2009）。こうした状況は台湾内でも同様で（中部や南部に多く見られるホオグロヤモリが、長く北部では見られなかった：Ota 1989; 太田 2009）、熱帯起源であるホオグロヤモリの冬季の低温への耐性の低さが、北上を止めていた可能性も指摘されている（Ota 1989）。2000 年前後からの本種の顕著な北上が、俗に言われている近年の地球温暖化の影響であるのかどうかについては、今後の厳密な検証を待ちたい。しかしながら、上記のように少なくとも以前からこの地域に生息していたほかのヤモリ類への侵入に伴う影響は注視するべきであろう。とは言えタシロヤモリもミナミヤモリも、ホオグロヤモリとの競合が顕著に出ると思われる燈火下などだけでなく、少なくとも奄美大島ではホオグロヤモリがほとんど見られない二次植生内や廃屋などにも少なくなく（Ota 1986, 1989, 未公表資料）、加えてタシロヤモリは、ホオグロヤモリと同じく外来種と考えられている（栗田ほか 2016）。したがって、ホオグロヤモリの近年における奄美大島や喜界島内での定着と分布拡大については、少なくとも在来種との競合という観点からはあまり問題にしなくてもよいのかもしれない。ただ、もしこのままホオグロヤモリが薩南諸島を北上した場合には、トカラ列島南部の固有種で、分布が小面積の 2 島（宝島と小島）に限られるタカラヤモリ（Toda et al. 2008）の生存に深刻な影響を及ぼすことが考えられる。幸いホオグロヤモリは、タカラヤモリなどの在来種のヤモリと違い、聞き取りやすい「チッ、チッ、チッ」という鳴き声を出すため、これを指標にすれば、比較的容易に存在を感知することができるであろう。今後、宝島や隣接する十

島村のほかの島嶼では、この点を住民に周知の上、特に奄美大島からのフェリーによる輸送物資にまぎれてのホオグロヤモリの侵入（高橋 2005）に注意を払うことが望まれる。

　薩南諸島の多くの島々に見られるミナミヤモリは、それらの描く遺伝地理パターンから考えて、ホオグロヤモリのようなごく最近の人為分散ではなく、おもに流木などの漂流物を足がかりにした自然分散に起源すると考えられていたが（Toda et al. 1997）、近年では新たに人為分散が疑われる事例も現れている（例えば屋久島では、九州本土と航路によって結ばれたことのある集落の周辺に限ってミナミヤモリが見られることが指摘されている：Toda & Hikida 2011）。屋久島や九州南端のいくつかの場所では、近年、本種と固有の在来種であるヤクヤモリとの間で交雑個体の出現が確認され、場所によってはこのような雑種個体が自由交配集団（ハイブリッドスウォーム）を形成していることも報じられている（太田 2015; Toda & Hikida 2011; Toda et al. 2001）。このような場所の拡大は、在来の遺伝的構造をもつヤクヤモリ集団の喪失を通した、種としての絶滅にもつながりかねない。そのため、ヤクヤモリ本来の生息環境と思われる海岸近くの自然度の高い岩場やその周辺植生の保全、さらにはヤクヤモリのみが生息する地域周辺での、ミナミヤモリの分布拡大の防止が望まれる。

　オキナワキノボリトカゲ（図2）は、奄美諸島以南の琉球列島から台湾にかけて分布するキノボリトカゲの基亜種で、在来分布は沖縄諸島と奄美群島に

図2　最近、屋久島の一部で外来集団が発見されたオキナワキノボリトカゲ。皮肉なことに奄美群島や沖縄諸島の在来集団では減少傾向が認められるため、国（環境省）や鹿児島県、沖縄県はそれぞれ、本種を絶滅危惧種に指定している。ただ屋久島の集団については（指宿市や日南市の外来集団ともども）、遺伝的特性や侵入先での新たな感染症への罹患の有無などが一切不明なため、捕獲した個体を安易に在来分布地に戻すこともできない

限られるが (Ota 1991)、近年、人為的要因による定着範囲の北上が報じられ (Ota et al. 2006; 太田ほか 2012)、薩南諸島ではつい最近、屋久島の一部で定着が確認されている（Jono et al. 2012）。本種外来集団は宮崎県日南市の一部などで極めて高い密度に達しており、放置した場合、食物網を通した在来の生態系、生物多様性へのインパクトが強く懸念される（貴島ほか 2012; 岩本ほか 準備中）。オキナワキノボリトカゲの屋久島内での生息範囲は、現時点では空港周辺に限られており（Jono et al. 2012; 太田 未公表資料）、よって島内での分布が拡大し密度が上昇するのに先立った、集中的かつ迅速な捕獲・除去の実施が強く望まれる。侵入過程の特定と、さらなる侵入の防止も必要である。

ブラーミニメクラヘビは、現存する世界のヘビ亜目 3,600 種あまりの中でも唯一の三倍体単為生殖種として知られ、近似種の分布から南アジアに起源すると思われる。しかしながら、鉢植えや植樹用の苗の根土などとともに容易に運ばれ、雌一頭でも新たな集団を形成することができることから、現在では高地と極度の乾燥地を除くほぼ世界中の熱帯・亜熱帯に分布している（Ota et al. 1991）。国内では薩南諸島を含む南西諸島のほぼ全域、八丈島を北限とする伊豆・小笠原諸島、そして九州の南端部に外来集団が定着している（前之園・戸田 2007; 太田 2017 未公表資料）。本種はアリ類やシロアリ類を専食するため、それぞれの定着場所でこれらを中心とした在来の昆虫相に影響していることも考えられるが、こうした内容を具体的に示す研究事例は皆無である。

シマヘビは国後島から大隅エリアまでの範囲の、本土と伊豆諸島を含む周辺離島（伊豆諸島を含む）のほぼ全域に分布する日本の固有種で、加えてトカラエリアの口之島に、戦前、口永良部島より人為的に移入されたとされる集団（永井 1928）が今も定着している（Hikida et al. 1992; 太田 未公表資料）。このヘビが口之島に持ち込まれた詳しい時期や経緯、同島の固有種であるクチノシマトカゲをはじめとした在来生態系、生物多様性への影響は不明である。

北米原産のミシシッピアカミミガメ（図 3）は、その定着力や定着した場合の在来生態系・生物多様性へのインパクトの大きさから、国際自然保護連合（IUCN）による世界の侵略的外来種ワースト 100 や、日本生態学会による日本の侵略的外来種ワースト 100 に選ばれている。戦後の 1950 年代からミドリガメの商品名でペットとして輸入されて人気を博したが、その後、各地の河川・

図3 北米原産のミシシッピアカミミガメ。幼体が緑亀（ミドリガメ）として人気を博したため、1950年代の後半以降、大量に輸入された。成長すると甲長25 cm以上になり、攻撃性も増す。さらにサルモネラ菌を保菌することがある点が過度に強調されるなどしたため、全国で多数が遺棄され、定着してしまった。本土では近年、その高密度化に伴う特に水生植物や藻類への食害を通した、景観の劇的な改変が報じられている

湖沼に放逐されて定着し、在来の日本固有種であるニホンイシガメや陸水域の小動物、さらには水生植物・藻類などへの影響が強く懸念されている（日本生態学会 2002: 事例としては、永原〔2011〕ほか参照）。薩南諸島では奄美大島での発見例が大野・高槻（1991）によって報じられ、以降も散発的ではあるものの同島での目撃例や捕獲例が続いている（上野・興 2014; 興ほか 2015; 太田 未公表資料）。また、このほか近年では屋久島でも、ミシシッピアカミミガメの目撃・確認情報が相次いでいる（鈴木ほか 2016; 吉村 2014）。今後、これらの島々においては、定着の有無をはじめとした生息状況の把握と、必要に応じた除去などの対策の実施が望まれる。

　永井（1928）は薩南諸島のうち、悪石島でミナミイシガメが見られたことを報じており、中村・上野（1963）などもこの記録に言及している。その後、悪石島での個体群の存続が疑問視されたこともあるが（Hikida et al. 1992）、より新しい調査で依然、同島に生存していることが確認された（太田 未公表資料）。悪石島の集団は、その形態的特徴から八重山諸島の固有亜種であるヤエヤマイシガメに分類され、その分布の不連続性から人為的移入に由来する外来性個体群とされている（Yasukawa et al. 1996）。ただ、これらの内容については、分子情報にもとづくさらなる検証が望まれる。このほかヤエヤマイシガメは、最近になって奄美大島でも野外で1頭が報告されているが（奄美新聞 2015）定着の有無などは不明であり、こちらも継続的な調査が望まれる。奄美大島のような甲殻類をはじめとする固有の淡水棲生物が少なくない環境で定着してしまっ

た場合、捕食による影響も懸念されるため（藤田・笹井 2014）、注視する必要があるであろう。

　クサガメについては、九州南部を南限とする本土や周辺離島の個体群が長きにわたって在来のものと考えられていたが、近年、古文献学的、考古学的、遺伝学的情報から、明治期より前に大陸から持ち込まれた、比較的古い外来種であることが強く示唆された（疋田・鈴木 2010; Suzuki et al. 2011）。薩南諸島では喜界島で野外集団の存在が報じられているほか（岡田・太田 2003）、近年になって奄美大島でも移入され、すでに定着していることを強く示唆する調査結果が報道されている（奄美新聞 2015）。これらの島々には日本固有の在来種である同属種ニホンイシガメは分布しないため、本土で懸念されるようなクサガメの定着による遺伝的撹乱（太田 2015）の心配はないが、食物網を通した水棲生物へのインパクトが懸念され、この視点からの調査が望まれる。

2　両生類

　両生類のうち北米原産のウシガエル（図4）は、その高い捕食性による在来生態系への強いインパクトゆえに（Bury & Whelan 1984）、ミシシッピアカミミガメと同様、IUCN の世界の侵略的外来種ワースト100、日本生態学会の日本の侵略的外来種ワースト100 に選ばれている。日本への生体の輸入は、1917年の米国ニューオーリンズからのものを皮切りに、食用・養殖用として数度にわたって行われたとされる（前田・松井 1989）。その後、北海道を除く各地の

図4　ミシシッピアカミミガメと同じ、北米原産のウシガエル。一名食用（しょくよう）がえるとも呼ばれるように、食肉用を目的として持ち込まれたが、国内で期待された市場は形成されなかった。その一方で本種の餌として同じく北米から持ち込まれたアメリカザリガニとともに各地で定着し、在来生態系にとって重大な脅威となっている

野外で定着し、在来の生態系・生物多様性への影響が懸念される存在となっている（Ota 1999; 日本生態学会 2002）。薩南諸島では奄美エリアの奄美大島（鮫島 1987）、与路島（森田 1975; Ota 1986）、徳之島（倉本 1979; 太田 未公表資料）、沖永良部島（竹中 2006）などから報告されているが、特に奄美大島と徳之島については近年の生息状況に関する情報が不足しており、早急な現状把握と必要に応じた対策が望まれる。奄美群島における本種の在来生態系、生物多様性への影響に関する具体的な情報はほとんどないが、国内の他地域で本種の幅広い食性に関する知見は多く得られており（日本生態学会 2002; Dontchev & Matsui 2016; 等々）、食物網を通したインパクトが懸念される。

シロアゴガエル（図5）は、初めて沖縄島の中南部で確認された1960年代以降、沖縄県下の島嶼に急速に分布を広げ、2000年代の初めまでには八重山諸島の一部やいくつかの無人島を除く、そのほぼ全域で定着してしまった（Ota et al. 2004; 太田ほか 2008）。ミトコンドリアDNAを指標とした解析から、沖縄の個体群は、フィリピンからの物資に紛れて移入された、ごく少数の個体にはじまったと推定されている（Kuraishi et al. 2009）。急速に広がった沖縄県内の島々の状況とは対照的に、隣接する薩南諸島への侵入はしばらく認められなかったが、2013年になって初めて与論島で複数の成体や泡巣が見つかり、侵入が確認された（高尾ほか 2013; 田場ほか 2013）。このカエルは新たに侵入した島嶼でしばしば高密度に達し、捕食圧の増加や競合、寄生虫の伝播などを通して、在来の生態系、生物多様性に様々な形でインパクトをもたらすことが懸念される（日本生態学会 2002; Hasegawa & Ota 2017）。本種は輸送物資に紛れるなどして極めて容易に島嶼から島嶼へと分布を広げていると思われ、輸送物

図5　沖縄県内のほぼ全域に広がり、最近になって与論島にも侵入したシロアゴガエル。東南アジアに広く分布するが、ミトコンドリアDNAの塩基配列を指標とした解析結果にもとづき、フィリピンからの人為的移入であることが示された。新たに侵入した場所で高密度に達することがあり、捕食、競合、寄生虫の伝播などさまざまな形での在来種への影響が懸念される

資の検査の強化や、在来種のカエルのものとは異なる特徴的な鳴き声を手掛かりとした侵入初期における発見・除去など、定着阻止のための効果的な体制の構築が望まれる。

　ヒメアマガエルは琉球列島の固有種で、薩南諸島内では南トカラの島々を除く奄美エリアのほとんどの島嶼に在来分布しているが（Matsui et al. 2005）、それに加えて、トカラエリアの諏訪之瀬島にも人為的に持ち込まれ、定着している（Hikida et al. 1992）。この外来集団の在来生態系、生物多様性への影響については一切が不明であるが、周辺のほぼすべての島々に見られる唯一の在来のカエルであるリュウキュウカジカガエルが諏訪之瀬島にだけ見られないことは（Hikida et al. 1992; Tominaga et al. 2015）、この島でのヒメアマガエルの定着と何らかの関係があるのかも知れない。

　ヒメアマガエルが諏訪之瀬島に定着した経緯に関する情報は限られているが、上に挙げた他の多くの種の事例で想定される、輸送物資に紛れての偶発的な移入などの非意図的なものではなく、意識的な放逐に由来することを示唆する証言が、比較的多くの地元住民の方々から得られている（Hikida et al. 1992; 太田 未公表資料）。人間にとっては一見無害そうに見える生き物であっても、特に島のような限られた場所に、外部から持ち込まれ放逐された場合、予想だにされなかった甚大なインパクトがもたらされ、結果としてその場所本来の生態系や、種、遺伝子など様々なレベルでの多様性がダメージを受けたという事例が世界的に少なくない（川道ほか 2001; 日本生態学会 2002 ほか文献多数）。対策としては、生き物の持ち込みには、常にその場所独自の多様性に対するリスクが伴うこと、したがって、安易な生き物の持ち込み・放逐は絶対に避けるべきであることを、普及啓発していくことが重要であろう。

引用文献

奄美新聞（2015）淡水ガメ 5 種 42 匹捕獲．3 月 2 日記事．http://amamishimbun.co.jp/index.php?QBlog-20150302-3（2016 年 11 月 28 日閲覧）

Bury RB, Whelan JA (1984) Ecology and management of the bullfrog. U. S. Fish and Wildlife Searvice, Research Publications (155): 1-23

Case TJ, Bolger DT, Petren K (1994) Invasions and competitive displacement among house geckos in the tropical Pacific. Ecology 75: 464-477

Dontchev K, Matsui M (2016) Food habits of the American bullfrog *Lithobates catesbeianus* in the city of Kyoto, central Japan. Current Herpetology 35: 93-100

藤田喜久・笹井隆秀（2014）宮古島に定着したヤエヤマイシガメによるミヤコサワガニの捕食．沖縄生物学会誌 (52): 53-58

Hasegawa H, Ota H (2017) Parasitic helminths found from *Polypedates leucomystax* (Amphibia: Rhacophoridae) on Miyakojima Island, Ryukyu Archipelago, Japan. Current Herpetology 36: 1-10

疋田 努・鈴木 大（2010）江戸本草書から推定される日本産クサガメの移入．爬虫両棲類学会会報 2010: 41-46

Hikida T, Ota H, Toyama M (1992) Herpetofauna of an encounter zone of the Oriental and Palearctic elements: Amphibians and reptiles of the Tokara Group and adjacent islands in the Northern Ryukyus, Japan. Biological Magazine, Okinawa (30): 29-43

Jono T, Kawamura T, Koda R (2013) Invasion of Yakushima Island, Japan, by the subtropical lizard *Japalura polygonata polygonata* (Squamata: Agamidae). Current Herpetology 32: 142-149

川道美枝子・岩槻邦男・堂本暁子（編）（2001）移入・外来・侵入種：生物多様性を脅かすもの．築地書館，東京

貴島靖仁・太田英利・那須哲夫・森田哲夫・末吉豊文・星野一三雄・岩本俊孝（2012）日南市に生息する国内移入種オキナワキノボリトカゲの生息密度及び生息環境に関する研究．九州両生爬虫類研究会誌 (3): 57-65

興 克樹・谷口真理・三根佳奈子（2015）奄美大島で捕獲されたカミツキガメ．亀楽 (10): 17

Kuraishi N, Matsui M, Ota H (2009) Estimation of the origin of *Polypedates leucomystax* (Amphibia: Anura: Rhacophoridae) introduced to the Ryukyu Archipelago, Japan. Pacific Science 63: 317-325

倉本 満（1979）琉球諸島のカエル類の分布と隔離．爬虫両棲類学雑誌 8: 8-21

Kurita K, Hikida T (2014a) Divergence and long-distance overseas dispersals of island populations of the Ryukyu Five-Lined Skink, *Plestiodon marginatus* (Scincidae:

Squamata), in the Ryukyu Archipelago, Japan, as revealed by mitochondrial DNA phylogeography. Zoological Science 31: 187-194

Kurita K, Hikida T (2014b) A new species of *Plestiodon* (Squamata: Scincidae) from Kuchinoshima Island in the Tokara Group of the Northern Ryukyus, Japan. Zoological Science 31: 464-474

Kurita T (2013) Current status of the introduced common house gecko, *Hemidactylus frenatus* (Squamata: Gekkonidae), on Amamioshima Island of the Ryukyu Archipelago, Japan. Current Herpetology 32: 50-60

栗田隆気・城野哲平・Ding Li・Nguyen Thien Tao・太田英利・戸田 守（2016）タシロヤモリの生物地理学的研究：とくに日本集団の起源について．爬虫両棲類学会報 2016: 70

前之園唯史・戸田 守（2007）琉球列島における両生類および陸生爬虫類の分布．Akamata (18): 28-46

前田憲男・松井正文（1989）日本カエル図鑑．文一総合出版，東京

Matsui M, Ito H, Shimada T, Ota H, Saidapur SK, Khonsue W, Tanaka-Ueno T, Wu GF (2005) Taxonomic relationships within the pan-Oriental narrow-mouth toad *Microhyla ornata* as revealed by mtDNA analysis (Amphibia, Anura, Microhylidae). Zoological Science 22: 489-495

森田忠義（1975）奄美瀬戸内町の陸域の動物相 —主に 哺乳・鳥・爬虫・両生類について—．南日本文化 (8): 79-86

Moritz C, Case TJ, Bolger DT, Donnellan S (1993) Genetic diversity and the history of Pacific island house geckos (*Hemidactylus* and *Lepidodactylus*). Biological Journal of the Linnean Society 48: 113-133

永原光彦（2011）佐賀城堀におけるハスの減少とミシシッピアカミミガメの駆除．亀楽 (2): 1-3

永井亀彦（1928）南西諸島の動物分布．鹿児島県史蹟 名勝天然記念物調査報告 (4): 49-52

中村健児・上野俊一（1963）原色日本両生爬虫類図鑑．保育社，大阪

Nakamura Y, Takahashi A, Ota H (2013) Recent cryptic extinction of squamate reptiles on Yoronjima Island of the Ryukyu Archipelago, Japan, inferred from garbage dump remains. Acta Herpetologica 8: 19-34

Nakamura Y, Takahashi A, Ota H (2014) A new, recently extinct subspecies of the Kuroiwa's leopard gecko, *Goniurosaurus kuroiwae* (Squamata: Eublepharidae), from Yoronjima Island of the Ryukyu Archipelago, Japan. Acta Herpetologica 9: 61-73

日本生態学会（編）（2002）外来種ハンドブック．地人書館，東京

岡田 滋・太田英利（2003）クサガメ．鹿児島県の絶滅のおそれのある野生動植物，動物編．鹿児島県環境生活部環境保護課 編，鹿児島県レッドデータブック．98．財団法人鹿児島県環境技術協会，鹿児島

Okamoto T (2017). Historical biogeography of the terrestrial reptiles of Japan: A comparative analysis of geographic ranges and molecular phylogenies. In Motokawa M, Kajihara H eds., Species Diversity of Animals in Japan. 135-163. Springer Japan, Tokyo

大野隼夫・高槻義隆（1991）奄美大島における移入動物の概況．池原貞雄 編，南西諸島の野生生物に及ぼす移入動物影響調査．7-12．世界自然保護基金日本委員会，東京

Ota H (1986) A review of reptiles and amphibians of the Amami Group, Ryukyu Archipelago. Memoirs of the Faculty of Science, Kyoto University (Biology) 11: 57-71

Ota H (1989) A review of the geckos (Lacertilia: Reptilia) of the Ryukyu Archipelago and Taiwan. In Matsui M, Hikida T, Goris RC eds,. Current Herpetology in East Asia. 222-261. Herpetological Society of Japan, Kyoto

Ota H (1991) Taxonomic re-definition of *Japalura swinhonis* Günther (Agaminae: Lacertilia), with a description of a new subspecies of *J. polygonata* from Taiwan. Herpetologica 47: 280-294

Ota H (1998) Geographic patterns of endemism and speciation in amphibians and reptiles of the Ryukyu Archipelago, Japan, with special reference to their paleogeographical implications. Researches on Population Ecology 40: 189-204

Ota H (1999) Introduced Amphibians and Reptiles of the Ryukyu Archipelago, Japan. In Rodda G, Sawai Y, Chiszar D, Tanaka H eds., Problem Snake Management:

The Habu and the Brown Treesnake. 439-452. Cornell University Press, Ithaca, New York

Ota H (2000) The current geographic faunal pattern of reptiles and amphibians of the Ryukyu Archipelago and adjacent regions. Tropics 10: 51-62

太田英利（2009）亜熱帯沖縄の冬の寒さと動物たち．山里勝己・平 啓介・宮城隼人・牛窪 潔 編，やわらかい南の学と思想・2．融解する境界．140-156．沖縄タイムス社，那覇

太田英利（2015）日本産爬虫類における，外来種の持込や生息環境の人為的改変に伴う遺伝的撹乱の問題．遺伝 69(2): 86-94

太田英利（2016）ヌマガエル：北上する"小さな猛獣"．Green Age 2016(8): 41-43

太田英利（2017）単為発生の爬虫類．松井正文 編，これからの爬虫類学．100-114．裳華房，東京

太田英利・佐藤寛之（1997）スッポン．日本水産資源保護協会 編，日本の希少な野生水生生物に関する基礎資料（IV）．322-330, 344．日本水産資源保護協会，東京

Ota H, Hikida T, Matsui M, Mori A, Wynn AH (1991) Morphological variation, karyotype, and reproduction of the parthenogenetic blind snake, *Ramphotyphlops braminus*, from the insular region of East Asia and Saipan. Amphibia-Reptilia 12: 181-193

Ota H, Toyama M, Chigira Y, Hikida T (1994) Systematics, biogeography and conservation of the herpetofauna of the Tokara Group, Ryukyu Archipelago: New data and review of recent publications. WWFJ Science Report 2(2): 163-177

Ota H, Toda M, Masunaga G, Kikukawa A, Toda M (2004) Feral populations of amphibians and reptiles in the Ryukyu Archipelago, Japan. Global Environmental Research 8: 133-143

Ota H, Hoshino I, Sueyoshi Y (2006) Colonization by the subtropical lizard, *Japalura polygonata polygonata* (Squamata: Agamidae), in southeastern Kyushu, Japan. Current Herpetology 25: 29-34

太田英利・角田正美・仲座寛泰・中山愛子（2008）シロアゴガエルの石垣島、

ならびに北大東島からの記録. Akamata 19: 44-48

太田英利・那須哲夫・末吉豊文・星野一三雄・森田哲夫・岩本俊孝（2012）鹿児島県本土部における国内外来種オキナワキノボリトカゲ *Japalura polygonata polygonata*（Hallowell, 1861）（爬虫綱，アガマ科）の生息状況. Nature of Kagoshima 38: 1-8

鮫島正道（1987）奄美大島の両生類および爬虫類. 南日本文化 (19): 55-75.

Sato H, Ota H (1999) False biogeographical pattern derived from artificial animal transportations: A case of the Soft-shelled Turtle, *Pelodiscus sinensis*, in the Ryukyu Archipelago, Japan. In Ota H ed., Tropical Island Herpetofauna: Origin, Current Diversity, and Conservation. 317-334. Elsevier Science, Amsterdam

佐藤寛之・吉野哲夫・太田英利（1997）沖縄県内の島嶼におけるスッポン（*Pelodiscus sinensis*）（爬虫綱，カメ）の起源と分布の現状について. 沖縄生物学会誌 (35): 19-26

Stejneger L (1907) Herpetology of Japan and adjacent territory. Bulletin of the United States National Museum 58: 1-577

鈴木 大・菅野一輝・岡山崇大・田中 亘・布施健吾（2016）屋久島におけるニホンイシガメおよびミシシッピアカミミガメの分布記録. 爬虫両棲類学会報 2016: 107-109

Suzuki D, Ota H, Oh HS, Hikida T (2011) Origin of Japanese populations of the Reeves' pond turtle, *Mauremys reevesii* (Reptilia: Geoemydidae), as inferred by a molecular approach. Chelonian Conservation and Biology 10: 237-249

田場美沙基・下地直子・山里将平・白幡大樹・富永 篤（2013）鹿児島県与論島へのシロアゴガエルの侵入と定着. 爬虫両棲類学会報 2013: 96-97

高橋洋生（2005）ホオグロヤモリの人為洋上分散の一例. 爬虫両棲類学会報 2005: 116-119

高尾 彰・竹 盛窪・竹 真弓（2013）与論島におけるシロアゴガエルの確認. Akamata (24): 19-20

竹中 践（2006）沖永良部島のアオカナヘビについて. 爬虫両棲類学会報 2006 (1): 24-26

Toda M, Hikida T (2011) Possible incursions of *Gekko hokouensis* (Reptilia: Squamata)

into non-native area: an example from Yakushima Island of the Northern Ryukyus, Japan. Current Herpetology 30: 33-39

Toda M, Hikida T, Ota H (1997) Genetic variation among insular populations of *Gekko hokouensis* (Reptilia: Squamata) near the northeastern borders of the Oriental and Palearctic zoogeographic regions in the Northern Ryukyus, Japan. Zoological Science 14: 859-867

Toda M, Okada S, Ota H, Hikida T (2001) Biochemical assessment of evolution and taxonomy of the two morphologically poorly diverged geckos, *Gekko yakuensis* and *G. hokouensis* (Reptilia: Squamata) in Japan, with special reference to their occasional hybridization. Biological Journal of the Linnean Society 73: 153-165

Toda M, Sengoku S, Hikida T, Ota H (2008) Description of two new species of the genus *Gekko* (Squamata: Gekkonidae) from the Tokara and Amami Island Groups in the Ryukyu Archipelago, Japan. Copeia 2008: 452-466

Tominaga A, Matsui M, Eto K, Ota H. (2015) Phylogeny and differentiation of wide-ranging Ryukyu Kajika Frog *Buergeria japonica* (Amphibia: Rhacophoridae): Geographic genetic pattern not simply explained by vicariance through strait formation. Zoological Science 32: 240-247

上野真太郎・興 克樹（2014）奄美市における淡水ガメの捕獲記録（2013年）. 亀楽 (9): 6-7

Watari Y, Takatsuki S, Miyashita T (2008) Effects of exotic mongoose (*Herpestes javanicus*) on the native fauna of Amami-Oshima Island, southern Japan, estimated by distribution patterns along the historical gradient of mongoose invasion. Biological Invasions 10: 7-17

Yasukawa Y, Ota H, Iverson JB 1996. Geographic variation and sexual size dimorphism in *Mauremys mutica* (Cantor, 1842)(Reptilia: Bataguridae), with description of a new subspecies from the southern Ryukyus, Japan. Zoological Science 13: 303-317

吉村雅子（2014）屋久島におけるミシシッピアカミミガメ（？）視認の報告. 亀楽 (8): 10

第3章
薩南諸島のノヤギ問題と対策について

中西　良孝

はじめに

　ヤギは反芻動物の中で最も古い家畜の一つであり、初めは肉用であったが、乳用家畜としての利用もウシより古いと言われている（ゾイナー 1983）。ヤギは草本植物だけでなく、木本植物まで採食するという幅広い植生を持つことから、厳しい環境にも堪え得る草食反芻動物である。しかしながら、ヤギを無計画に放し飼いしたり、過放牧したりすると砂漠化や土壌流失などを引き起こすことがあるため、管理方法次第で植生破壊者ともなり得る。

　近年、わが国の島嶼地域においては飼育者の管理不行き届きによりヤギが野生化し、ノヤギとなってしまい、小笠原諸島（媒島、父島）、伊豆諸島（八丈小島）、薩南諸島（黒島、トカラ列島、奄美群島）、琉球諸島（久米島）および尖閣諸島（魚釣島）などで植生破壊や土壌流出をもたらしていることがマスコミなどで報じられている（髙山・中西 2014）。特に、奄美大島では2006年頃からノヤギ問題が顕在化し、龍郷町、奄美市、大和村、宇検村および瀬戸内町で事態が深刻化している。島嶼地域におけるノヤギ問題の解決は、希少生物や自然景観の保護だけでなく、農業の発展や産業振興の観点からも重要な課題であり、その駆除について緊急な対応が求められる。

　近年、奄美大島5市町村が国の内閣府構造改革特区（以下、特区）に指定され、そのことがノヤギ問題解決の糸口となったが、特区指定後の状況は明らかにされていない。そこで本稿では、薩南諸島の中で世界自然遺産登録の候補地となっている奄美大島を対象とし、ノヤギがどのようにして出現したのかを述

べるとともに、ノヤギを狩猟鳥獣として追加する特区に指定されるまでの経緯、指定後の生息、食害および捕獲状況、捕獲したノヤギの利用状況を明らかにした上で、ノヤギ問題とその対策について考えてみた。

1　ノヤギの来歴

　ヤギが家畜化されたのは今から1万～1万2,000年前であり、西アジアの山岳地帯に現存する野生ヤギのベゾアールが祖先種とされ、その後、遊牧民によって東西へ広められ、東へ向かった集団の一部が東アジア在来種の基礎である小型のカンビンカチャン（マレー語で「マメヤギ」の意）になったとされている（野澤・西田 1981）。この小型ヤギは毛色により2系統に分けられ、黒色系統は中国大陸南部、インドシナ半島北部、インド東部、韓国および台湾西部などへ伝播し、褐色または白色系統は東南アジア島嶼地域、台湾東部およびわが国の南西諸島・五島列島などへ伝播した。前者は大陸型ヤギ、後者は島嶼型ヤギと呼ばれており、台湾には両者が生息していることから、これらの交叉地点と考えられている（野澤・西田 1981）。また、ヤギは遠洋航海の非常食として生きたまま船積みするのに適していたため、15世紀ごろに東南アジアから台湾経由で北上し、琉球諸島に伝来した島嶼型ヤギや中国から琉球諸島に伝来した大陸型ヤギが沖縄在来ヤギとなり（渡嘉敷 1984）、それらが奄美群島やトカラ列島に伝わり、日本在来種として現存するトカラヤギになったとされている（斎藤・木佐貫 1980）。沖縄在来ヤギもトカラヤギも肉用として飼育されていたが、小型であるため、肉量増大を図る目的でスイス原産の大型乳用種であるザーネン種または本種と日本在来種との雑交種である日本ザーネン種が琉球諸島、奄美群島およびトカラ列島に導入され、それらとの雑種化が進んだ（萬田 1986；新城 2010）。その結果、トカラ列島のうち、ザーネン種との交雑が避けられた宝島と小宝島においてのみ純系のトカラヤギが現存することとなった（萬田 1986）。ちなみに、鹿児島大学では、1976年に萬田正治名誉教授が宝島よりトカラヤギを導入して教育・研究に利用し、現在も筆者らが研究室で系統保存している。
　このように、野生ヤギもノヤギも元々島嶼に生息していた訳ではなく、肉

用として導入した家畜のヤギが飼育放棄され、野生化したものであり、野生ヤギと野生化ヤギ（ノヤギ）はルーツが同じであるものの、生息環境が異なる生き物である。したがって、人類は長い歴史の中で野生ヤギを家畜化してきたが、家畜化されたヤギはその後の飼育環境や管理次第で野生化ヤギになることがあり、逆に、野生ヤギに後戻りすることもあるため、家畜化は一方向ではなく、可逆的なものである。なお、野生ヤギは英語で「wild goats」と表現するが、野生化ヤギは「feral goats」と言う。

2　ノヤギ特区指定までの歩み

2006年頃から、ノヤギの食害による植生破壊と土砂崩落で瀬戸内町にある海上保安庁所管の曽津高埼灯台のヘリポートが使用不能となっていることが新聞報道された（南海日日新聞 2007.11.15付；南日本新聞 2007.11.16付；朝日新聞 2007.12.7付）。2007年に5市町村が実施した聞き取り調査では、ノヤギが2,310頭生息していること（奄美市推計）が明らかになったため、龍郷町、奄美市、大和村、宇検村および瀬戸内町の5市町村で「ヤギの放し飼い防止等に関する条例」が施行され、飼育者には小屋や柵などで囲った場所でヤギを飼い、個体標識することを義務化した。一方、当時、飼育されていたヤギは約800頭であり、その3倍近くものノヤギが野放し状態になっていたのである。ノヤギによって絶滅危惧種の植物が食べられるだけでなく、わが国の特別天然記念物であるアマミノクロウサギの餌資源まで食べ尽くされ、希少小型草食動物の生存までも脅かされることが懸念されている（南日本新聞 2009.10.5付）。しかし、このノヤギが厚労省の「と畜場法」や「化製場等に関する法律」で定義されている"獣畜"あるいは環境省の「鳥獣の保護及び狩猟の適正化に関する法律施行規則」で定義されている"野生（狩猟および有害・特定）鳥獣"のいずれなのか位置づけがあいまいであり、駆除に際してどのように扱えばいいのかという議論が巻き起こってきた。前者の"獣畜"扱いであれば、食用に供する目的で、ウシ、ウマ、ブタおよびメンヨウと同様にと殺する場合、厚労省法令の適用対象となり、後者の"野生鳥獣"扱いであれば、環境省法令の適用対象となる。このように、ノヤギが厚労省それとも環境省扱いのいずれなのか

があいまいであったため、この矛盾を解消する手段の一つとして奄美市5市町村が特区推進室に対し、「奄美自然保護と食文化継承特区（ノヤギ特区）」の創設を共同提案することになり、ヤギの研究を行ってきた筆者に奄美市企画調整課から特区申請に関する協力依頼があった。

特区の認可には時間を要するため、その間、5市町村は事態の深刻化を憂慮し、独自の条例によってノヤギ対策を講じた。2008年に奄美哺乳類研究会が独自で行った8日間の調査では、離島を含む8島においてノヤギ419頭（116群）の生息が確認された（半田・永江 私信）。この調査結果を受け、5市町村は2008年6月または9月にヤギの放し飼い防止等に関する条例を施行し、瀬戸内町は同年8月、奄美市猟友会に「ヤギ被害防除対策事業」を委託し、ノヤギ駆除（生け捕り）が開始された。

筆者が2010年3月にノヤギ被害実態調査を行ったところ、島最西端（瀬戸内町西古見）にある旧陸軍観測所跡や曽津高埼灯台の傾斜地に生息していることを確認した（図1）。その結果に基づき、環境省のホームページのパブリックコメントへ構造改革特区内においてノヤギを狩猟鳥獣に指定すること（省令の一部改正案）に賛成する旨の意見を書き込んだ。奄美市の特区申請によってノヤギは同年12月に環境省から特区内で狩猟鳥獣として指定され、狩猟免許保持者は狩猟期間中、有害鳥獣としてノヤギを駆除する際、特別な許可を必要とせずに生け捕りや銃殺で捕獲できるようになった。その後、ノヤギの早期駆除により世界自然遺産候補地となっている奄美の自然生態系を保全することを目的とし、国の奄美群島振興開発事業を活用した「ヤギ被害防除対策事業」（事業費の国庫補助50％）が2010年に開始され、龍郷町を除く4市町村で年間200頭前後を捕獲し、食肉などとして処分する計画が

図1　瀬戸内町西古見旧陸軍観測所跡地近くで確認したノヤギ雄の群れ（2010年3月11日）

翌年以降に実施された（奄美市市民部環境対策課 2013）。その後も本事業は継続しており、年間200頭程度の捕獲が計画されている（奄美市市民部環境対策課 私信）。

3　ノヤギ特区指定後の生息・食害状況

　ノヤギが構造改革特別区域内で狩猟鳥獣として指定された後、5市町村が2011年に実施した地元集落や猟友会などからの聞き取り調査の推計によれば、1,262頭生息していることが判明した。しかし、その後の生息や食害がどのようになっているか明らかになっていなかった。そこで、筆者は2013年11月に奄美大島の5市町村を対象地とし、奄美哺乳類研究会、奄美市市民部環境対策課および鹿児島県猟友会大島支部など関係者の協力を得て、事前の聞き取り調査により生息場所を特定し、車で移動しながらノヤギの頭数を目視で観察する（遠距離の場合には、双眼鏡を使用し、角の形状、被毛または排尿姿勢などから雌雄判別）と同時に、排糞跡や植物の採食痕などのフィールドサインを探し、被害場所を観察した。その結果、ノヤギは2010年の調査と同様、海岸付近の急傾斜地に多く生息しており、瀬戸内町曽津高埼周辺で3群（6、5および2頭）、同町節子辺りで1群（3頭）、奄美市住用町見里辺りで2群（5および2頭）と、2日間の調査で延べ23頭が確認された（図2、図3）。

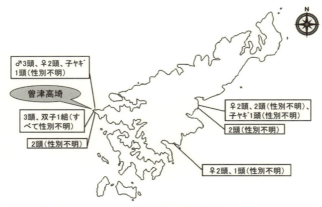

図2　奄美大島におけるノヤギの生息場所と生息確認頭数(2013年11月15〜16日)

第3章　薩南諸島のノヤギ問題と対策について

図3　瀬戸内町曽津高埼灯台周辺におけるノヤギの食害状況（2013年11月15日）

4　ノヤギ捕獲後の利用状況

　特区指定により狩猟鳥獣として生体捕獲されたノヤギは捕獲後に獣畜となるため、と畜場法に基づき、生体のまま出荷されるか、あるいは、と畜場で処理され（ただし、自家消費に限り都道府県に届け、と畜場外で処理可）、食肉として市場流通される。奄美群島のと畜場は奄美大島に2カ所、徳之島、沖永良部島、与論島および喜界島にそれぞれ1カ所の計6カ所ある。前述した筆者の2013年の調査によれば、奄美大島のと畜場のうち、奄美市、龍郷町および大和村所轄の名瀬食肉センターでは、奄美市と大和村の2012年度捕獲頭数実績が全頭捕殺・埋却であったため、と畜は行われなかったが、瀬戸内町および宇検村所轄の瀬戸内食肉センターでは、瀬戸内町の同年度捕獲頭数実績が全頭生け捕りであったため、一部がと畜された以外、沖縄県や喜界島へ生体出荷され

た。ちなみに、当時のと畜料は1頭当たり7,000～8,000円であった。

5　問題点と対策

　ヒトを寄せ付けない断崖絶壁や急傾斜地などの危険箇所に生息しているノヤギを狩猟者が生け捕りすることは、極めて困難である。加えて、危険箇所での捕殺・回収が困難であり、たとえ回収できたとしても埋却作業に手間がかかるようであれば、狩猟が減り、積極的な駆除が進まなくなる恐れがある。その結果、ノヤギは危険箇所へ逃げ込み、生き残った集団が繁殖して頭数が増えると、ほかの地域で計画どおりに駆除したとしても島全体の個体数は減らなくなる。

　特区指定の下では、野生状態から捕獲までは狩猟鳥獣とみなされ（環境省令が適用）、捕獲後は獣畜（ウシ、ウマ、ブタ、メンヨウおよびヤギ）とみなされる（厚労省令が適用）ため、シカやイノシシなどの野獣肉やダチョウなど獣畜以外の鳥獣肉のように、と畜場を経由せずに食品衛生法に従って食肉として処理・販売できないという問題がある。ノヤギが狩猟鳥獣に指定されたのであれば、捕獲後も獣畜肉ではなく、野獣肉として処理できるようなシステムを確立すべきである。現状のままでは、ノヤギを完全に駆除することは困難であるとともに、ノヤギ肉の利用拡大も図れないため、世界自然遺産登録に向けて駆除の徹底化を図るのであれば、食肉利用や捕殺後の処分の規制緩和について特区の追加申請を行うことが今後の課題である。

　また、危険箇所や離島など海上からの調査の場合、船のチャーターだけでなく、観察者も必要であり、調査経費がかさむため、民間団体や地方自治体の予算のみでは限界がある。今後も継続的な生息調査を行うためには行政的な支援が必要である。

むすび

　ノヤギは世界の侵略的外来種ワースト100にも指定されており、環境省那覇自然環境事務所（2013）や奄美大島自然保護協議会（2013）が発行した奄美群島のパンフレットやガイドブックの中でも外来生物として紹介され、早期駆除

の必要性が提唱されている。筆者が 2013 年 11 月に実施した日中の移動観察で延べ 23 頭のノヤギが確認された。最も被害が甚大であった曽津高埼の南斜面では 2010 年の調査時と比べて、やや植生が回復していたものの、北斜面では土壌流出が継続しており、危険箇所での頭数があまり減っていないものと推測された。ノヤギの場合、捕獲までは「狩猟鳥獣」扱いであり、捕獲後は「獣畜」扱いとなるため、狩猟者にとっては銃猟後の捕殺個体の処理（許可埋却・焼却）が面倒である。その結果、ノヤギの駆除は毎年行われているものの、捕獲頭数は必ずしも多いとは言えず、野獣肉としての有効利用も行われていないことが明らかとなった。したがって、世界自然遺産登録を目指すのであれば、全頭駆除が緊要であり、捕獲をより一層推進するとともに、ノヤギ肉の有効利用の観点から、さらなる規制緩和に向けた新たな特区申請を行うべきである。また、ノヤギによる植生破壊や土壌流出の結果、離島が無人化することは領土問題や国防の観点からも憂慮すべきことであるため、国や自治体の予算を投じてでも継続的な生息調査を行い、駆除に努める必要がある。

謝　辞

　本稿を執筆するに当たり、ご校閲いただいた鹿児島大学農学部の髙山耕二准教授に感謝する。また、ノヤギ特区指定後の食害・捕獲状況とその利用に関する調査を遂行するに当たり、現地を案内していただいたり、貴重な資料を提供していただいた奄美哺乳類研究会会員で奄美自然学校代表の永江直志氏、同研究会会員で獣医師の半田ゆかり氏、奄美市猟友会の泉　正男会長（鹿児島県猟友会大島支部長）に深謝するとともに、ご協力いただいた奄美市市民部環境対策課、同課世界自然遺産推進室、鹿児島県大島支庁保健福祉環境部ならびに奄美野生生物保護センターの職員の方々に感謝する。さらに、鹿児島大学共同獣医学部の藤田志歩准教授には調査に同行していただき、ここに謝意を表する。

引用文献

奄美大島自然保護協議会（2013）奄美大島自然保護ガイドブック．奄美大島自
　　然保護協議会．鹿児島
奄美市市民環境対策課（2013）ヤギ被害防除対策事業の概要．奄美市市民環境

対策課資料

環境省那覇自然環境事務所（2013）奄美諸島の外来種．環境省那覇自然環境事務所，沖縄

萬田正治（1986）トカラヤギの実験動物としての有用性．草食家畜用実験動物，11：84-95

野澤 謙・西田隆雄（1981）家畜と人間．出光書店，東京

斎藤 毅・木佐貫秀明（1980）吐噶喇列島における山羊飼育の文化地理学的意義―宝島および小宝島の場合―，斎藤 毅・塚田公彦・山内秀夫 編著，トカラ列島 その文化と自然．247-255. 古今書院，東京

新城明久（2010）沖縄の在来家畜 その伝来と生活史．ボーダーインク，沖縄

髙山耕二・中西良孝（2014）14.3 環境問題．14. ヤギ生産と環境問題．中西良孝編，ヤギの科学．186-188. 朝倉書店，東京

渡嘉敷綏宝（1984）沖縄の山羊．那覇出版社，沖縄

ゾイナー FE（国分直一・木村伸義訳）（1983）家畜の歴史．法政大学出版局，東京

第4章

奄美大島と徳之島における
ノネコ問題の現状と取り組み

藤田　志歩

1　ノネコとは

　今日、伴侶動物や愛玩動物としてイヌと並んでなじみの深いネコ（イエネコ）*Felis catus* という生き物は、人が作り出した「家畜」である。ネコの祖先はリビアヤマネコ *Felis silvestris lybica* であることが分かっているが、家畜化の歴史はかなり古く、約1万年前には人のそばで生活をしていたようである。メソポタミア周辺で農耕と定住を始めた人の生活圏の中で、ネコが穀物をあさるネズミを餌として暮らすようになったことが家畜化の始まりと考えられている（黒瀬 2016; 山根 2014）。ほかの多くの家畜は、人が自分たちの生活に有用な生き物を選び、改良して作られたのに対し、ネコの場合はネコの側から人に近づき、生活様式を適応させたという特異な経歴をもつ。一般に、家畜は食料や毛・皮などの生産物や労働力を人が利用するために、育種という過程を経てその形質が作られてきた動物である。したがって、望まれない野生種本来の形質は取り除かれ、繁殖しやすさや人への慣れやすさなど、人が管理しやすい形質が残されている。ところがネコは、野生種の特性をほとんど失わずに家畜となった動物である（山根 2016）。ネコのなかま（ネコ科）は食肉類に分類され、捕食者（ハンター）としての能力を備えている。家畜となったネコも、獲物を捕まえ、肉を切り裂くための鋭い爪や犬歯をもち、獲物を見つけると音を立てずに忍び寄り、射程圏内に入るや否や飛びかかり、取り押さえる。このような狩りの方法を、誰に教えられたわけでもなく生まれながら身につけている。そのため、ネコは人の世話を離れてもすぐに野生の生活に戻ることができ、餌と安全なすみ

かを与えられて人とともに暮らすものもあれば、人の世話を受けずに自由気ままに生活するものもある。

　このようにネコの生活形態は多様であり、生物種としては同じ「ネコ」でありながら、生活形態の違いから「飼いネコ」「ノラ（野良）ネコ」「ノネコ」に区別されることがある。その理由は、人からどのように管理されているかによって、法律によるその扱いが異なるからである。「飼いネコ」は特定の飼い主によって飼育管理されているネコ、「ノラネコ」は人あるいは人間生活に依存して生活するが、特定の飼い主を持たないネコ、「ノネコ」は人間生活に依存せずに、自然条件下で自立して生活し繁殖をしているネコ、と定義される。最近では、このほかにも「地域ネコ」と呼ばれるネコもいるが、これは特定の飼い主はいないものの、地域のボランティアによって世話をされているネコのことである。この活動は、糞尿などのノラネコによる地域社会のトラブルを解決するための取り組みとして、行政などの補助もあり、各地で行われている。そして、飼いネコやノラネコ（地域ネコを含む）といった人に依存して生活するネコは、「動物の愛護及び管理に関する法律」の対象であり、「動物の虐待及び遺棄の防止、動物の適正な取扱いその他動物の健康及び安全の保持等の動物の愛護」に努めることが定められている。これに対してノネコは、「鳥獣の保護及び管理並びに狩猟の適正化に関する法律」の対象であり、「生物の多様性の確保、生活環境の保全及び農林水産業の健全な発展」のために管理される、いわゆる狩猟獣である。このように、法律の上では扱いが異なるものの、「飼いネコ」「ノラネコ」「ノネコ」の線引きはあいまいであり、厳密に区別することは難しい。飼いネコは何らかの事情でノラネコになることがあり、ノラネコもまた、山に近い集落であればノネコとして（自活して）生きる道もある。このような両面性をもつネコという生き物が、奄美大島や徳之島など固有希少種が多く生息する島において、今、問題となっている。

2　「侵略的外来生物」としてのネコの実態

　奄美大島と徳之島は、薩南諸島の中で奄美群島に含まれる島である。奄美群島は大隅諸島やトカラ列島より南に位置する、鹿児島県最南端の島々であり、

さらにその南は沖縄諸島につながる。奄美群島は大陸島と呼ばれ、かつてユーラシア大陸と陸続きであったが、沖縄トラフの形成に伴って、ほかの琉球列島とともに約 300 万年前には大陸から分離してできた。そのため、かつては大陸に広く分布していた種が大陸の個体群から隔離されて独自の進化を遂げた「固有種」が多く存在する。なかでも、大陸ではすでに絶滅し、隔離された地域にだけ残されている種は「遺存固有種」と呼ばれ、奄美群島にしか生息しないアマミノクロウサギ *Pentalagus furnessi* やルリカケス *Garrulus lidthi* はその代表である。これらの固有種は、その固有性や分布域の狭さから、これまで何度も絶滅の危機にさらされてきた。奄美振興開発事業がさかんに行われた 1960 年代から 1980 年代には、森林伐採による生息地の破壊が起こり（石田ほか 1998）、1990 年代になると、人の手によって持ち込まれた捕食性外来種によってその生息が脅かされてきた（山田 2015）。奄美大島では、1979 年にフイリマングース（*Herpestes auropunctatus*）が旧名瀬市（現奄美市名瀬）でハブ対策のために導入され、その後ほぼ全島に分布が拡大した。奄美大島のマングースは、地元自治体や環境庁（当時）によって 1993 年から捕獲が始まり、その後も外来生物法にもとづく本格的な防除事業が行われた結果、現在では根絶まであと一歩のところまできているという（橋本ほか 2016; 本書第 2 部第 5 章）。しかし、このマングースに代わって新たに固有種を脅かす存在となったのが、森林で生活をするノネコである。

　ここで、家畜として長く人と生活をともにし、奄美大島や徳之島においても昔からいたはずのネコが、なぜ今になって問題とされるようになったのだろうか。その理由の一つには、島におけるネコの生息数が増えたからではないかと考えられる。そして、その背景には、戦後の高度経済成長期を境とした人々の生活様式の変化があったと考えられる。人々の生活が物質的、経済的に豊かになる以前は、ネコは主にネズミ対策として（奄美群島ではハブ対策としても）飼われており、わざわざ買ってまでして餌を与えられることはなく、せいぜい人の食事の残り物を与えられていただろう。それが次第にネコは単なるネズミ採りではなく、愛玩動物や伴侶動物として飼われるようになり、ペットフードが与えられるようになった。全国の統計では、現在、約 9 割の飼い主がネコに市販のペットフードを与えている（一般社団法人ペットフード協会 2016）。ネ

コは極めて繁殖力の高い生き物であり、栄養状態がよいとその能力は遺憾なく発揮される。雌ネコの性成熟は6～10カ月で、生後1年を待たずに繁殖を開始する。また、基本的にネコは季節繁殖動物であり、1月から8月までが繁殖季節とされるが、一般の飼いネコなどでは季節性が明瞭でなく、1年中繁殖が可能である（筒井 2003）。そして、1回の産子数は平均4～5匹である。このような旺盛な繁殖力をもつ飼いネコが、とくに雌の場合、避妊処置をされずに自由に交配できれば、仔ネコの数は爆発的に増えることは想像に難くない。さらに、このようにして数が増え、結果的に飼うことができなくなった仔ネコは、新たな飼い主が見つからなければ遺棄されてノラネコになるか、動物愛護センターや保健所に保護されることになる。保健所などの行政施設に引き取られるネコの数は全国的に減少傾向にあるものの、2015年度の統計で年間90,075匹にも上る（環境省 2016）。私たち人の生活が豊かになったことと、ネコが本来もつ特性により、島においてもノラネコの個体数は増え続けてきたのではないだろうか。そして、集落周辺で生活するノラネコはノネコ予備軍となり、ノネコも増加したのではないかと考えられる。

　ノネコの問題が比較的最近まで顕在化しなかったもう一つの理由として、奄美大島では、マングースの影響の陰に隠れていたということも考えられる。奄美大島において最初にマングースが放たれた場所はわかっているが、これが分布を拡大する過程でより早く侵入した場所ほどアマミノクロウサギなどの在来種の目撃数が少なくなっており（Watari et al. 2008）、また、捕獲事業によってマングースの生息数が減り始めたのと同時に、在来種の生息数が増加したことが報告されている（Watari et al. 2013）。これらのデータは、マングースが在来種にそれだけインパクトを与えていたことを裏付けるものである。ノネコにとっても餌資源である在来種の密度が低ければ、十分な食物を森林の中で得ることは困難であったと考えられる。しかし、精力的なマングースの防除対策の結果、在来種の生息数が回復の兆しを示し始めたことによって、森林はネコの餌場としての価値を高め、ネコがより森の中で暮らしやすくなったのではないだろうか。

　2014年に環境省が行った調査によると、森林の中で暮らすネコ（ノネコ）の個体数は、奄美大島では600～1200匹、徳之島では150～200匹と推定さ

れている。また、奄美大島では、ノネコが森林の中で繁殖していることを示す証拠も得られている。林道に設置した自動撮影カメラに、仔ネコに餌を運ぶ母ネコの姿が撮影されたのである（図1）。森林の中で生活するネコが繁殖できるほどの栄養状態を維持できるとすれば、ノネコの数はますます増えるだろうと予想される。そうなれば、餌とな

図1　奄美大島瀬戸内町中央林道の自動撮影カメラに撮影されたノネコ。餌のネズミをくわえて運ぶ母ネコ（左）と仔ネコ（右）の様子。鈴木真理子氏撮影

る固有種にとってはまさに脅威である。これは、同じく希少種を捕食するノイヌ（野生化したイヌ）とは異なる点で影響が大きい。ノイヌは、探索能力の高さなど、また別の意味で生態系へのインパクトが高い捕食性移入種であるが、繁殖できるほどの栄養を森林の中の餌だけで得ることはできないようである（亘 2016）。

　ネコは国際自然保護連合（IUCN）がリストアップした「世界の侵略的外来種ワースト100」に入っており、日本生態学会が定めた「日本の侵略的外来種ワースト100」にも挙げられている。外来種（外来生物）とは、「過去あるいは現在の自然分布域外に導入された種、亜種、それ以外の分類群」のことを指し、国内外を問わず本来の生息地ではない場所に、意図的・非意図的に人の手によって持ち込まれたものはすべて含まれる。したがって、もともと家畜であったネコも、森林で生活するようになると外来種として扱われる。さらに、外来種の中でも、「導入および、もしくは、拡散した場合に生物多様性を脅かす種」は「侵略的外来種」とされる。では、侵略的外来種であるネコは生態系にどれほどの影響を及ぼすのだろうか。ネコは食肉目に分類され、その名のとおり肉食である。奄美大島においてノネコの糞からその食性について調べた調査によると、餌となる動物は哺乳類、鳥類、爬虫類、昆虫と多岐にわたるが、哺乳類が圧倒的に多く、その出現率（1個の糞に含まれる頻度）は88％であり、

1日の餌量における重量頻度は97%であった（塩野崎 2015）。そして、その餌の中にはアマミノクロウサギ、アマミトゲネズミ（*Tokudaia osimensis*）、ケナガネズミ（*Diprothlix legata*）が含まれていた。これらはいずれも奄美大島と徳之島にしかいない固有種であり、絶滅が危惧される希少種である。また、フイリマングースの食性と比較しても、固有種が捕食される割合は極めて高かった（亘 2016）。ノネコが固有種をより好んで獲物とする理由は、捕食者のいない島の環境で進化したこれらの動物は捕食者を回避する術をもっておらず、捕まえやすいからだと考えられている。

3　ノネコをどのように減らし、なくすか

　ノネコは奄美大島や徳之島といった島嶼生態系に大きなインパクトを与えるが、もとはと言えば、ノネコはわれわれ人がつくりだしたものである。ノネコから貴重な生態系を守るために、私たちは何をすべきだろうか。奄美大島および徳之島においてすでに始められている取り組みも含めて、ノネコ問題の対策ついてまとめてみたい。

（1）新たに導入しない

　ノネコの生息数を減らすためには、まず、ノネコを「つくらない」ことである。ノネコの供給源はノラネコや捨てネコである。ノラネコや捨てネコを増やさないために、一つには、飼いネコをきちんと管理することが重要である。奄美大島および徳之島では、そのための条例（「飼い猫の適正な飼養及び管理に関する条例」）がすでに定められている。これらの条例では、飼いネコの生態や生理、習性を理解し、愛情と責任を持って終生にわたって飼うことを飼い主の責務とし、糞尿や鳴き声といったネコが原因となる地域のトラブルを回避し、また、飼いネコの野生化や放し飼いから野生動物に被害が及ぶことを防止して、地域の自然環境や生態系の保全を図ることを目的としている。そして、条例の具体的な項目として、飼いネコの登録の義務、放し飼いの制限、遺棄の禁止、飼いネコ以外の猫へのみだりな餌やりの禁止が記載されている（表1）。ノラネコへの餌やりを禁止することは、動物愛護の観点から反対する意見もあるが、ノ

第4章　奄美大島と徳之島におけるノネコ問題の現状と取り組み

表1　奄美大島および徳之島各市町村における飼いネコの愛護および管理に関する条例の概要

市町村名	施行年月	1匹あたりの登録料	マイクロチップによる個体識別	飼いネコ以外の猫に対する餌やりの禁止	罰則
奄美市（奄美大島）	平成23年10月	500円	努力義務	○	なし
瀬戸内町（奄美大島）	平成23年10月	500円	努力義務	×	なし
龍郷町（奄美大島）	平成23年10月	500円	努力義務	×	なし
宇検村（奄美大島）	平成23年10月	500円	努力義務	×	なし
大和村（奄美大島）	平成23年10月	500円	努力義務	×	なし
徳之島町（徳之島）	平成26年4月	500円	努力義務	○	2万円以下の過料
伊仙町（徳之島）	平成26年4月	500円	努力義務	○	2万円以下の過料
天城町（徳之島）	平成26年4月	500円	努力義務	○	2万円以下の過料

ラネコに過剰な餌を与えることで仔ネコが増え、保健所や動物愛護センターに持ち込まれるネコが増えているという指摘もある（山根 2013, 2016）。環境省の平成27年度の統計によると、全国の行政機関に引き取られた個体90,075匹のうち84%（76,014匹）は、所有者不明のいわゆるノラネコであり、そのうち76%（58,012匹）が仔ネコであった。そして、引き取られた個体の74%（67,091匹）は殺処分されている（図2）。命を大切にしたいという気持ちからうまれた行為が、結果として命を奪うことになっているということについて、考えてみる必要があるだろう。

ノネコを増やさないためのもう一つの方法として、ノネコの予備軍となるノラネコに不妊手術をして繁殖を抑制する方法がある。これは、Trap（捕獲）、Neuter（不妊化）、Return（返還）の頭文字を取り、TNRと呼ばれる。徳之島

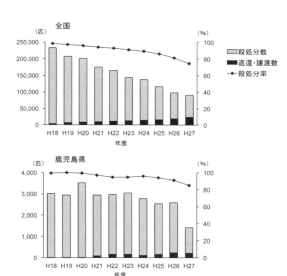

図2　全国および鹿児島県における保健所などに引き取られたネコの処分状況。殺処分率は引き取り数に対する殺処分数の割合を表す（右軸）（「犬・猫の引取り及び負傷動物の収容状況」（環境省）をもとに作成）

では、2014年から民間団体と3町の協力により大規模な事業が行われ、3年間で飼いネコ516匹、ノラネコ1620匹の不妊手術（すでに手術済みの個体を含む）が実施された（公益財団法人どうぶつ基金 2016）。奄美大島においても、2013年から地元の獣医師会の支援によりTNRの取り組みが始まっている。両地域ともまだ事業が始まったばかりであるが、このような繁殖制限によってノネコの増加を抑える対策は、スピード感をもって集中的に行うことが重要である（長嶺 2011）。なぜなら、ネコは極めて繁殖力の高い動物であり、一部の個体だけを処置し続けても、繁殖個体が残っている限り個体数は増える一方である。TNR事業を効果的に実施するためには、緊急性の高い地域から優先して戦略的に行うことも必要だろう。

（2）希少種の生息域から排除する

ノネコ対策として、新たなノネコをつくらないという取り組みとあわせて、すでに森林で生活をするノネコをそこから排除することも必要である。徳之島では、2014年から環境省と地元の民間団体との協同で、森林部でのカメラによるノネコの監視と捕獲が行われている。捕獲されたネコは、徳之島の3町が運営する収容施設に収容され、人と暮らすことができるように馴化が行われる。環境省徳之島自然保護官事務所の発表によると、2016年9月までに計117匹のノネコを捕獲し、そのうちの31匹が島内の住民に譲渡され、また、9匹は島外に移送されて鹿児島県内で里親探しが行われた。

沖縄県やんばる地域では、このような捕獲および排除によるノネコ対策が功を奏しているが、長嶺（2011）はこれを進める上での重要なポイントを二つ挙げている。一つは、捕獲対象であるノネコを明確に区別することである。これには、飼いネコにはマイクロチップを装着することで対応できる。マイクロチップとは、個体を識別するための情報を書き込んだ小さなカプセル状の器具（直径2mm、長さ約1cm）であり、皮下に埋め込んで装着する。マイクロチップの装着は獣医師による処置が必要で、費用は数千円〜1万円程度である（公益財団法人日本獣医師会ホームページ http://nichiju.lin.gr.jp/aigo/）。マイクロチップが装着された個体は、専用のリーダーをかざすことで個体識別番号を読み取ることができる。やんばる地域では、飼いネコへのマイクロチップの装着が義

務化されたことによって、飼いネコが誤ってノネコとして捕獲された場合でも、マイクロチップによって飼いネコであることが判明すれば飼い主に戻すことができるため、捕獲に対する住民への合意が得られやすくなっている。さらに、マイクロチップは、災害時にはぐれてしまった場合に身元を確認できる有効な手段であるだけでなく、ノネコ対策においても有効である。また、未登録のネコが捕獲された場合でも、ネコの写真を公開して飼い主が現れやすくし、飼いネコの登録をはじめ適正飼養を指示しやすい環境ができているという。奄美大島と徳之島においても、マイクロチップの装着を促進するため、2014年から環境省による費用負担の支援事業が実施されている。

　ノネコの捕獲、排除において二つ目の重要なポイントは、捕獲された個体の取り扱いを明確にすることである。そのためには、関係機関や住民が十分に議論をし、合意形成をはかる必要がある。飼い主のいない個体に新たな飼い主を探すのであれば、譲渡までの期間、保護個体を収容、飼育し、馴化を行う施設（シェルター）の整備と、里親となってくれる譲渡先の確保が必要となる。しかし現状では、奄美大島および徳之島、そして鹿児島県本土においても、保健所に引き取られたネコのほとんどは譲渡先がなく、飼い主のいない数多くのネコが殺処分されている（図2、3）。このことを考えると、捕獲された個体の譲渡先を十分に確保することは容易ではないことが予想され、行き場のなくなったネコたちをどうするのかということもあわせて考えておく必要があるだろう。捕獲、排除はノネコ対策の一つの手段ではあるが、生態系保全か動物愛護かという二元論ではなく、何のために、なぜ必要なのかという目的を共有し、これを達成するための具体的方法について、様々な立場や考え方から議論をすすめる必要があるだろう（COLUMN参照）。

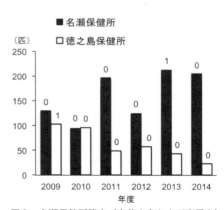

図3　名瀬保健所管内（奄美大島および喜界島）と徳之島保健所管内（徳之島、沖永良部島、与論島）におけるネコの引き取り数。グラフ上の数値は、保健所に引き取られた個体のうち譲渡された個体数を表す（名瀬保健所および徳之島保健所資料をもとに作成）

（3）住民の意識啓発

　ノネコ対策において、発生源への対応にしろ、排除にしろ、地域住民の協力なしには実現できない。ノネコの放し飼いやノラネコの餌やりについて、単にその行為を問題視するのではなく、その行為に至る社会的な背景は何かということについても考える必要があるだろう。ノネコ問題は、ネコの飼い主だけでなく、地域の住民全員が当事者意識をもつことが解決の糸口になる。そのためには、そこに暮らす住民が島の自然やこれを基盤とする地域の生活や文化に対してどのような価値を見いだし、それをどのように次の世代につなげていくのかという目標を、地域社会全体で共有する必要があるのではないだろうか。また、私たち研究者や行政は、その議論や検討のための科学的データを収集し、住民にわかりやすく伝えながら、これをサポートする役割を担っている。

　奄美大島と徳之島において、ノネコ問題の解決に向けた活動はすでに少しずつ始まっている。奄美大島では、2016年5月に三つの市民団体が基盤となり、地域への情報発信や行政との連携を行う「奄美ネコ問題ネットワーク」が設立された。徳之島においても、地元の市民団体と行政が連携しながら、ノネコの捕獲作業が実施されており、また、次世代を担う若者への環境教育もさかんに行われている。奄美大島および徳之島のノネコ対策はまだ緒に就いたばかりであるが、今後どのような成果につながるか大いに期待したい。

引用文献

橋本琢磨・諸澤崇裕・深澤圭太（2016）奄美から世界を驚かせよう―奄美大島におけるマングース防除事業，世界最大規模の根絶へ．水田 拓 編著，奄美群島の自然史学―亜熱帯島嶼の生物多様性，290-312，東海大学出版部，平塚

石田 健・杉村 乾・山田文雄（1998）奄美大島の自然とその保全．生物科学 50 (1): 55-64

一般社団法人ペットフード協会（2016）平成27年全国犬猫飼育実態調査．http://www.petfood.or.jp/data/chart2015/index.html

環境省（2016）犬・猫の引取り及び負傷動物の収容状況．https://www.env.go.jp/

nature/dobutsu/aigo/2_data/statistics/dog-cat.html

公益財団法人どうぶつ基金(2016)徳之島ごとさくらねこ TNR プロジェクト事業報告. https://www.doubutukikin.or.jp/4223

黒瀬奈緒子(2016)ネコがこんなにかわいくなった理由. 225pp. PHP 新書, 東京

長嶺 隆(2011)イエネコ―もっとも身近な外来哺乳類. 山田文雄・池田 透・小倉 剛 編, 日本の外来哺乳類―管理戦略と生態系保全, 285-316, 東京大学出版会, 東京

塩野崎和美(2016)好物は希少哺乳類―奄美大島のノネコのお話. 水田 拓 編著, 奄美群島の自然史学―亜熱帯島嶼の生物多様性, 271-289, 東海大学出版部, 平塚

筒井敏彦(2001)雌の繁殖生理(6)犬および猫. 森 純一・金川弘司・浜名克己 編, 獣医繁殖学第 2 版, 311-318, 文永堂出版, 東京

亘 悠哉(2016)外来哺乳類の脅威―強いインパクトはなぜ生じるか?. 水田 拓 編著, 奄美群島の自然史学―亜熱帯島嶼の生物多様性, 313-331, 東海大学出版部, 平塚

Watari Y, Nishijima S, Fukasawa M, Yamada F, Abe S (2013) Evaluating the "recovery level" of endangered species without prior information before alien invasion. Ecology and Evolution 3 (14): 4711-4721

Watari Y, Takatsuki S, Miyashita T (2008) Effects of exotic mongoose (*Herpestes javanicus*) on the native fauna of Amami-Oshima Island, southern Japan, estimated by distribution patterns along the historical gradient of mongoose invasion. Biological Invasions 10 (1): 7-17

山根明弘(2014)ねこの秘密. 文藝春秋, 236pp. 東京

山根明弘(2016)ねこはすごい. 朝日新書, 218pp. 東京

山田文雄(2015)南西諸島の固有哺乳類の現状と保全に向けた課題. 日本生態学会 編, エコロジー講座 8 南西諸島の生物多様性, その成立と保全, 30-37, 南方新社, 鹿児島

COLUMN　島の人たちにとってのネコ問題

鈴木　真理子・豆野　晧太・久保　雄広

　世界中の様々な島で、野生化したネコが野生動物を捕食し生態系に深刻な影響を及ぼすことが問題となっています。薩南諸島に属する奄美大島と徳之島も例外ではありません。薩南諸島を含む南西諸島は、島の成り立ちの複雑さから、多くの固有種・固有亜種が生息していますが、現在野生化したネコがそれらを捕食していることが問題となっています。ネコ問題というと普通は市街地におけるノラネコなどの問題を思い浮かべると思います。薩南諸島の多くの自治体でも飼いネコの適正飼養についてホームページ上や広報で呼びかけを行っていますが、奄美大島の5市町村と徳之島の3町では条例になっており、飼いネコは市への届け出が義務付けられています。このように厳しくなっているのは、この二つの島では、飼いネコの放し飼いによってノネコ問題が起こっているからです。

　家畜化された動物が野に放たれて外来種となっているケースはほかにもたくさんありますが、ネコ問題ほど対策をする上で"やっかいだ"と思われてしまう問題はないのではないでしょうか。ひとつは愛玩動物や使役動物として放し飼いで飼われてきた歴史の長さ、もうひとつはネコ問題といったときに、それがノラネコや飼いネコの放し飼いによる問題と、ノネコの問題の二つの面をもつことです。

　まず、ネコが外来種であるということに、違和感や抵抗がある方は多いでしょう。人類は1万年前からネコを家畜化したとも言われていますから、外飼いのネコという風景は非常に長い歴史があると言えます。もともと農作物や住居からネズミを駆除する目的で家畜化が行われましたが、特に薩南諸島のハブの生息する島では、ハブを呼び寄せるネズミを居住区域から減らすために、ネコを放し飼いにしているという話が古くから聞かれます。ネコ問題の難しさのひとつはここにあります。

　ネコはかわいがられ、重宝されているだけではありません。衛生面や騒音の問題として住民に不快感を与え、害を及ぼし、ご近所トラブルに発展することもあります。ノラネコや飼いネコの放し飼いによる問題はいまや、ほとんど

の自治体が抱えている問題であり、身近な問題なので多くの人が認識しやすい一方で、在来種の捕食といった生態系への影響は直接的な被害や利益がわかりにくく、自然との関わりが少ない人には伝わりにくい問題と言えます。人の生活へ及ぼす問題と生態系へ及ぼす問題と、二つの面を持っているのが、ネコ問題を複雑にさせているもうひとつの要因です。

　在来生態系を守るために、ノネコを山から減らすには、大掛かりな対策が必要になることがわかっていますので、対策を進めるには住民を含めた多くの人に問題を認識してもらう必要があります。

　住民の方々がノネコ問題に対してどのような理解をしているのかを調べるために、私たちは2015年に奄美大島で聞き取り調査を行いました（豆野ほか 2015；鈴木ほか 2015）。本題は現在執筆中の論文に譲りますが、ここでは私たちが調査中に得た「島の人たちがどのように問題を認識しているのか」について書きたいと思います。

問題としての認識

　奄美大島にノネコが生息していること、また、そのノネコによる希少種捕食が問題になっていることは、質問に答えてくださったほとんどの方が知っていました。多くの方は新聞などのメディアで知ったと答えましたが、ノネコを実際に山近くで見たという住民の方もいました。奄美大島の特徴として、平地が少なく80％以上が森林でおおわれているため、居住地と森林部が非常に近いことが挙げられます。「山奥」というのも比較的身近にあると捉えることができます。実際に見たという方の話をよく聞いてみると、ほとんどがそのような人里の近くの山での目撃でした。

　ノネコによる希少種捕食に関して質問している中で、多くの方が飼いネコを捨てる行為に対する批判だけでなく、飼いネコのマナー、ノラネコの対処にも触れていました。これは、ノネコ問題の背景に、里のネコたちの問題が関わっているという認識が共有されているからかもしれません。ただし、山のネコのことよりも身近なネコのことの方が話題として話しやすかったからということも考えられます。

　一方で、非常に少数ではありますが、問題だと思わない、自然に任せるべ

きとの回答もありました。これはネコがもともとの生態系にいた存在（在来種）であるという認識や、あるいは、ノネコの個体数や脅威についての情報の少なさから問題だと思っていないためであると考えられます。

管理・対策への理解・許容度

　調査では、どんな管理方法が望ましいかについても聞き取りをしました。2015年現在の奄美大島では、ノラネコに対するTNR（Trap Neuter Return：捕まえ、不妊手術をし、元の場所に戻す方法）は一部で始まっていますが、まだノネコに対しては対策が決まっていませんでした。ノネコ・ノラネコを含めて、捕まえて馴化して飼い主を探す方法（飼い主探し）、TNR、殺処分についてそれぞれ「支持できない」と感じる理由を聞くことで理解度と許容について考察してみました。

　飼い主探しは、対策として好意的に捉えられている一方で、その対策がうまくいくかどうかを心配する声は賛成者からも多く聞かれました。「飼い主は見つからないと思う」「飼い主を見つけたところで、その人が最後まで責任をもって飼ってくれるかはわからない」というのがその理由です。実際、この対策は捕獲する必要なネコの数がそれほど多くなく、かつ大きな都市が近くにある（＝飼い主になりそうな人が多い）場合にはある程度有効ですが、そうでない多くの場合、馴化までの飼育費、人件費、輸送費などの金銭的な負担および譲渡先がなかなか見つからないという点で安易に手を出せない対策です。ネコに負担を強いないという点で夢のような対策ですが、実際はそううまくいかないということを住民の方も理解しているようでした。よって、対策として支持していると答えた人も、TNRや殺処分といった侵襲的な対策に対する代案として支持しているという見方もできます。次に、TNRに関しての反対意見は主に放獣に問題を感じる人と、手術行為に問題を感じる人に分かれました。TNRは繁殖能力をなくすことで、次世代を作らないようにし、ゆるやかにネコの個体数を減らす目的で行われています。愛玩動物としても長く生活してきたので、即殺処分ということに抵抗を感じる人たちに支持されており、社会的に穏便にノラネコを管理する方法として様々な場所で行われています。欠点としては、元いた場所に戻すので、騒音問題や衛生的問題あるいは捕食問題がす

ぐにはなくならないこと、実行に移すにはそれなりにお金がかかるということです。放獣を問題に感じる方は、まさに前者の問題について指摘していました。また、投入される税金について話題にする人もいました。

　最後に、殺処分については多くの人ができればしたくないという立場を示しました。その理由の中で興味深かったのが、数人から出た「ネコはマングースのような外来種ではないから」という意見です。外来種を含めてすべての殺処分に賛同したくない、という方も当然いましたが、比較的多くの人が外来種問題を理解しており、その駆除に対して賛同したうえで、「ネコとなると話は別」と考えているということです。最初に述べたように、ネコを外来種とはみていないということです。

　聞き取り調査をする中で、小さい子どもをもつお母さんが、「生き物の命の大切さや慈しむ心を育てたいと思うと、どうしてもノラネコに餌をあげてはだめとは言いにくい」とこぼされました。外来種だと思っていなかった生き物ならなおさらのことだと思います。

　外来種の対策の実行には、なぜ外来種が運び込まれたのか、なにが問題になっているのかを理解する必要があります。住民全体の理解は、今後の予防にもつながります。今回、調査を行って、住民が問題や対策をどのように認識しているか、対策にどのような不満があるかを知ることは、外来種対策を成功させるために重要であると実感しました。外来種問題については、現在も科学的・社会学的な研究がたくさん行われています。もしかしたら時代が変わって最善とされる対策も変わっていくかもしれません。固定概念にとらわれず、その時代、その地域に合った対策を決めていくことが重要だと思います。

引用文献

豆野皓太・鈴木真理子・久保雄広（2015）住民意識から考えるネコ管理とは？―奄美大島の事例地として―．野生生物と社会学会第23回大会（ポスター発表）

鈴木真理子・豆野皓太・久保雄広（2015）奄美大島のネコに関する住民意識調査の結果と鹿大奄美分室の取組み．「奄美の明日を考える奄美国際ノネコ・シンポジウム」記録集

第5章

奄美大島の外来種マングース対策
―世界最大規模の根絶へ向けて―

松田　維・橋本　琢磨

　2006年、マングースがどんな動物なのか、よく知らないまま奄美マングースバスターズに飛び込んだ。奄美でしかできない、やりがいのある仕事がしたいという思いからだった。仕事のキツサは想像以上だった。湿度が高く、汗が滝のように流れ落ちる夏の日も、季節風が吹きつける寒い日も、もちろん雨が降っても、日々山に分け入り、わなの点検作業をした。ハブにも遭遇したし、ハチには刺された。それでも辞めようとは思わなかった。仕事を続ける中で、徐々に分かってきた奄美の自然のすばらしさに心を奪われ、山を歩くことが楽しくなった。そんなかけがえのない奄美の生態系を守りたいという思いが日に日に強くなった。同じ思いをもつ仲間たちとともに、世界でも類のない規模での食肉性哺乳類の根絶事業を成し遂げ、奄美大島の生態系をよみがえらせるべく、今日も奄美マングースバスターズは山へと向かう。

1　奄美大島でのマングース放獣と生態系への影響

　フイリマングース *Herpestes auropunctatus*（以下、マングース）は、おおよそ体重400〜1,000g、全長60〜70cm、全身が霜降り状の灰色の体毛に覆われた中型の食肉類である（口絵参照）。イタチやフェレットに似たその見た目にはかわいらしさもある。本来の生息地は中東のイラクからインドを経て中国南部にいたる南アジアであり、日本とは遠く離れた生態系において誕生した種である。
　マングースは、1979年に奄美大島に放獣された。毒蛇であるハブの天敵と

しての効果を期待されてということらしい（南海日日新聞 1983）。マングースは奄美市名瀬赤崎周辺にて、約 30 頭が放たれたとされている。奄美大島という全く未知の生態系に放り出されたマングースたちはその環境になじみ、昆虫、植物、両生類、爬虫類、様々な無脊椎動物、そして鳥類や小型の哺乳類を食べて冬を越し、繁殖し、徐々に数を増やしていった。

マングースは奄美の人々の最大の脅威である毒蛇ハブを退治してくれる期待の星であり、その放獣は歓迎された向きがある（南海日日新聞 1983）。しかし、マングース（フイリマングース）は、国際自然保護連合（IUCN）による「侵略的外来種ワースト 100（100 of the World's Invasive Alien Species）」にもその名を連ねる、極めて侵略性の高い種である。日本でも、2005 年に施行された外来生物法（特定外来生物による生態系等に係る被害の防止に関する法律）では、いち早く特定外来生物に指定された。その侵略性が奄美の生態系に大きなダメージを及ぼすのに、それほどの時間は必要なかった。

自然を愛する奄美島民達は、マングースが放たれてからしばらくすると、森の変化に気付き始めたという。奄美哺乳類研究会は、奄美大島でのマングースによる影響についていち早く調査を実施し、農業被害の状況、胃内容分析などによって、その実態を解き明かしていった。結果、奄美のマングースは昆虫類や両生爬虫類などの固有の動物を多く捕食し、鶏卵や畑作物に対しても被害が生じていることも明らかになった（阿部 1992；半田 1992）。

そうしている間にも、マングースの生息数は増え続け、分布域は拡大の一途をたどった（図1）。マングースは放獣された奄美市名瀬赤崎から南北へ、同

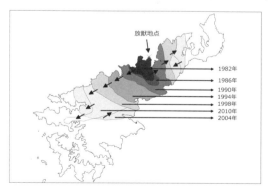

図1　1979 年から 2010 年までの奄美大島におけるフイリマングース *Herpestes auropunctatus* の分布変化（橋本ほか 2016 を改変）

心円を描くように拡がっていった。1990年頃には旧名瀬市（現奄美市名瀬）の全域に展開し、2009年には奄美大島南端に位置する瀬戸内町にまで達した。島の南部は多くの希少種の核心的な生息地であり、奄美大島の生物多様性保全の上で最も重要度の高い地域だ。山田ほか（1998）はマングースの糞の内容物を分析し、アマミノクロウサギ *Pentalagus furnessi* やケナガネズミ *Diplothrix legata* が食べられていることを確認した。奄美大島の自然を象徴する存在であり、島民にも愛されるアマミノクロウサギが、マングースによって存続の危機に陥ろうとしていることは、非常にショッキングなニュースであった。こうした事態を受けて行政は、その生態系への影響を軽減するため、マングースの捕獲を検討しはじめた。

2　マングース防除と奄美マングースバスターズの結成

　農業被害対策を目的としたマングースの有害鳥獣捕獲は、1993年に始まっていた。しかし、アマミノクロウサギなど奄美の森に暮らす生き物を守るためには、それでは不十分であった。そこで、環境庁と鹿児島県は2000年度から、生態系保全を目的にマングースを捕獲しはじめた。はじめは、狩猟免許所持者および一般島民にわなを貸し出し、捕獲されたマングースに対して報奨金を支払う方法をとった。多くの島民の協力を得て、1999年度の2,290頭から2000年度には3,884頭と、マングースの年間捕獲数は跳ね上がった。しかし、捕獲が進み、マングースの生息密度が低下してくると、簡単には捕獲できなくなった。そのため、捕獲従事者のモチベーションが下がるという問題が生じてきた。また、生態系保全のためには森林の中に入ってマングースを捕まえることが望まれるが、報奨金での捕獲では、なかなかそこまでの労力は掛けにくい。報奨金による捕獲体制では、マングースを奄美大島から完全に排除するのは難しいことが、徐々に分かってきた。

　2005年、特定外来生物による生態系等に係る被害の防止に関する法律（外来生物法）が施行され、マングースが特定外来生物に指定されたこの年、奄美マングースバスターズ（Amami Mongoose Busters；AMB）が結成された。同年に環境省により策定された「奄美大島におけるジャワマングース防除事業

実施計画（2013年に「第2期奄美大島におけるフイリマングース防除実施計画」に改定）では、奄美大島に生息するアマミノクロウサギやアマミヤマシギなどの在来種の生息状況の回復を図るために、マングースの防除を行い、最終的に奄美大島からマングースを完全に排除することを目標としている。AMBは、この目標を達成するために結成された、奄美の自然を守るプロ集団である（図2）。AMBによって奄美大島のほぼ全域に配置された3万個を超えるわなは、ネットワークのように連なって、森を抜け、尾根を走り、まさに水も漏らさぬようマングースの生息地を包囲している。2016年11月現在42人のメンバーとその相棒であるマングース探索犬7頭は、わなを見回り、糞を探し、日々マングースの姿を追っている。

図2　奄美野生生物保護センターと奄美マングースバスターズ（2016年）

　著者の一人である松田は、2006年7月18日にAMBに加わった。前年に出身地の千葉県から奄美大島に移住し、ここでしかできない仕事がしたいと考えていた矢先、AMBの公募があった。体力には自信があったが、AMBの仕事は想像以上にキツイものだった。わなの点検作業に必要な道具を満載したザックは肩に重く、あえぐように進む道なき道はほとんどが急な斜面、夏は蒸し暑く、雨の日には凍えながら、それでも常に足下にハブがいないか注意を払う。誰にでもできる仕事ではない。自分に勤まるのか、不安になったが、先輩達に教えられ、付いていくうちに少しずつ余裕が出てきた。すると、自分を取り囲む自然の様子が見えるようになってきた。そこからは、奄美の自然に魅せられながら、それを守ろうとする自分の仕事に手応えを感じていった。

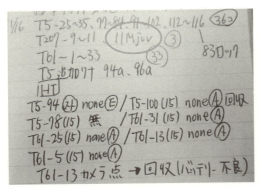

図3　マングース捕獲を示す野帳の記録（2012年1月16日）図上部中央の楕円は捕獲個体の記録

ある日の野帳を紹介しよう（図3）。2012年1月16日、この日は龍郷町のわなルートであるT005とT207、T061の点検に入っている（口絵参照）。3ルートにまたがってわなの点検作業を行い、総わな点検数は72個、野帳に「11Mjuv」とあるのはT207ルートの011というわなでマングースの幼獣1頭が捕獲されたことを示している。マングースの有無を確認するためのモニタリングツールの一つであり、マングースの体毛を捕らえるために設置されているヘアトラップ（図4）は7個を点検したが、毛の採取はなし。そして、マングースの有無や在来種の生息状況を把握するために設置している、自動撮影カメラ1台の点検も行っている。わなは50mごとに設置されているので、3.5km以上の山道を歩いたことになる。すべてのわなについて、捕獲された動物がないかを確認し、捕獲個体があれば回収し、餌を交換、可動部分の注油や錆落としなどのメンテナンス、動作チェック、作業結果の記録などの作業を漏れなくやらなければならない。9時頃に山に入り、15時頃に山を出るまで、AMBのトラッパー達にゆっくり休む時間はそれほどない。

図4　ヘアトラップと自動撮影カメラ

3　ミスター AMB とマングース探索犬

　AMB の発足から今までに、通算103人が在籍し捕獲作業などに従事してきた。現在は42人体制で防除事業を行っているので、60人以上の OB がいることになる。そんな AMB には加入歴の古い順に ID 番号が与えられている。AMB ナンバー 001 の山下亮は、奄美大島のマングース防除開始から現在に至るまでのすべてを見てきた、ミスター奄美マングースバスターズだ（図5）。

　山下は大学を卒業した後、自然に関わる仕事への興味からニュージーランドに渡り、そこで生態系保全に関するフィールドワークに参加した。一般にはあまり知られていないが、ニュージーランドは外来種対策において世界でもトップを走る国の一つであり、多くの先進的な取り組みがな

図5　奄美マングースバスターズの山下亮と相棒の探索犬のラタ号

されている。マングースと同じ食肉類のオコジョ *Mustela erminea* を、最大で 1.1 km^2 の島から根絶することにも成功している。こうした外来種対策のモチベーションは、基幹産業である農業・畜産業の被害対策としての側面もあるが、国鳥のキウイ（*Apteryx* 属各種）をはじめとした独自の鳥類相を有する、唯一無二の生態系を保全することにある。山下は彼の地で鳥類の保全プロジェクトに関わり、探索犬を使って希少種の営巣場所を探し出す技術などを目の当たりにした。

　2001年に帰国し、ニュージーランドで得た知識や技術を活かす場を探していた山下だが、当時の日本にそれを実践する場はほとんどなかった。途方に暮れていた時、たまたま知り合った研究者から「奄美大島ではマングースの捕獲

をやっている」と聞いて、すぐさま奄美大島にやってきた。奄美大島に来れば、外来種防除の専門家としての職があるかと考えていたが、当時はようやく報奨金による捕獲が始まったばかりである。それでも山下は奄美に根を下ろし、一島民としてマングースの捕獲を始めた。その捕獲技術はみるみる上達し、報償金制度で捕獲をする島民の中でも、トップクラスの捕獲数をあげるようになった。捕獲の腕とマングース防除に対する熱意が買われて、山下は2002年からAMB発足に先駆けて、雇用捕獲従事者としてマングース防除に関わるようになった。

　2005年にはAMBが発足し、山下はその中心メンバーとして、チームを引っ張っていく存在となった。しかし、元来口下手な山下は、言葉でチームを鼓舞する、というよりは、みんなの意見を聞いて「あぁ、じゃあそうしよっか」と言うような、言ってみればちょっと頼りない、でも憎めなくて愛されるキャラクター。逆にそんな山下が中心にいたことで、個性派揃いのAMBは結束できたのかもしれない。

　2007年、山下に転機が訪れる。その頃、マングースの数は継続的な捕獲によって徐々に減少しつつあった。しかし、根絶までの過程を見据えると、どうやって最後の1頭を見つけ出して捕り尽くすのか、どうやってマングースがいなくなったことを確認するのか、という課題があった。その解決の糸口は、山下の経験の中にあった。かつてニュージーランドで目にし、その技術に驚かされた探索犬を導入することになったのだ。同年に、ニュージーランドで外来食肉類の探索犬として活躍したイヌを両親に持つ、テリア系の子犬が輸入され、山下はそのハンドラー（訓練士）となった。犬の訓練経験などまったくない山下だったが、根気強く訓練を重ね、彼の探索犬ラタ号は、徐々に完成度を高めていった。そして2012年12月にはラタが発見、追尾し樹洞に追い込んだマングースを、山下が手捕りすることに成功した。マングース探索犬による初めての捕獲事例だ。以後、ハンドラー達により、発見・追尾・捕獲の一連の作業が洗練され、探索犬が発見した個体の捕獲は、マングースがわずかに残存する状況において最も効果的な捕獲手法となった。2012年からは、マングースの糞の有無を確認することで、根絶の成否を判断することを目的とした糞探索犬の育成も開始され、防除事業において探索犬の果たす役割はますます大きくなっ

ている。

4 世界最大規模の根絶へ

島民による捕獲から、AMBによる防除へと、15年以上にわたる精力的な捕獲作業が継続されてきた。その結果、奄美大島のマングースの生息範囲は縮小

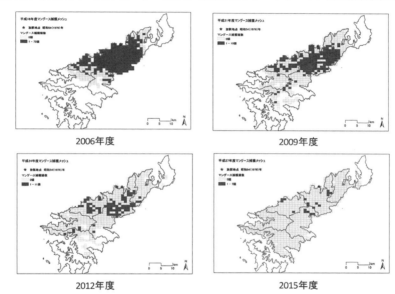

図6 奄美大島におけるマングース防除事業におけるマングース捕獲メッシュの経年変化
（2006年度から2015年度 環境省奄美野生生物保護センター提供）

し（図6）、生息密度も急激に低下してきている（図7）。松田がAMBに加わった2006年頃は、来る日も来る日も捕れ続けるマングースを目の当たりにし、根絶に至る過程を想像すらできなかった。しかし、今やマングースが残存する地域は限られており、それを捕り尽くすための手段も整いつつある。全島からの根絶が、いよいよ視野に入って来たのだ。深澤（2015）は、捕獲データに基づいたシミュレーションを行い、2010年度と同様の捕獲圧を掛け続けた場合、2023年における根絶達成確率が90％を超えることを示した。また、近年はマングースが減少してきたことで、在来種の回復が進んでいる。AMBは継続的

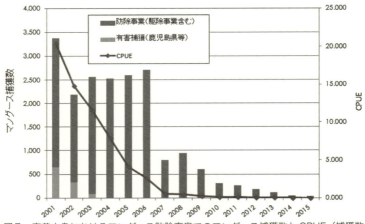

図7　奄美大島におけるマングース防除事業でのマングース捕獲数とCPUE（捕獲数／1,000わな日）の経年変化（2001年度から2015年度　環境省奄美野生生物保護センター提供）

に在来種の生息状況をモニタリングしており、それによってアマミトゲネズミなどの生息域が拡大していることを確認している（図8）。同様に、Watari et al.（2013）はアマミノクロウサギや両生類についても、マングースの減少とともに生息が回復していることを示している。

　奄美大島からマングースを根絶させるという壮大な計画も、そのゴールまでもう少しという地点までやってきた。現場で防除に携わっているAMB、研究者、行政などの関係者は、近い将来に根絶が達成できることを信じている。もちろん過信は禁物だ。残り少なくなったマングースを遺漏なく捕らえ、間違いなくいなくなったことを確認する作業は、AMBにとっても未知の過程だ。そのために、わなによる捕獲や探索犬による技術の洗練、化学的防除などの新たな防除手法の検討も進めている。

　マングースは奄美大島だけでなく世界各地で導入され、生態系に対して悪影響を及ぼしてきた。多くの場所で防除が試みられたものの、これまでに根絶を達成した島の数はわずかに七つ、その最大面積は $4km^2$ である（池田・山田 2011）。奄美大島の面積はその180倍近い $712km^2$ であり、しかも亜熱帯高木林を含む複雑な生態系を持っている。これほどの大面積かつ豊かな生態系を有する島から、外来食肉獣を根絶した事例はない。もし、奄美大島のマングース

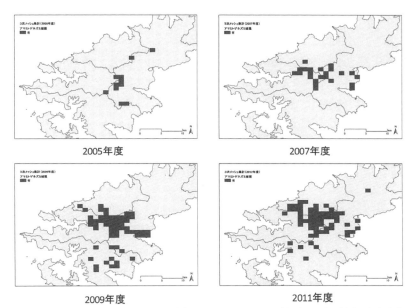

図8 奄美大島におけるマングース防除事業におけるアマミトゲネズミの確認地点の経年変化
（2005年度から2011年度 環境省奄美野生生物保護センター提供）

を根絶することができたなら、きっと世界中に驚きを与える快挙となり、マングースの存在に悩む人々に大きな勇気を与えることとなるだろう。

　マングースはたまたま奄美大島に放されてしまい、そこで生き抜こうとしただけだ。そのマングースを根絶することに対する罪悪感もある。しかし、奄美大島の生態系を回復させ、子や孫の世代にも残していくために、AMBはマングースを追い続けている。そして、根絶達成の瞬間には、みんなで拳を突き上げて祝杯をあげたい。きっとできると信じている、みんなも同じ思いのはずだ。

引用文献

阿部愼太郎（1992）マングースたちは奄美でなにを食べているのか？チリモス 3: 1-18

深澤圭太（2015）予測と時間－生物多様性保全におけるモニタリング．宮下 直・西廣 淳 編，保全生態学の挑戦：時間と空間のとらえ方．214-231. 東京大学

出版会, 東京
池田 透・山田文雄 (2011) 海外の外来哺乳類対策 先進国に学ぶ. 山田文雄・池田 透・小倉 剛 編, 日本の外来哺乳類, 59-101. 東京大学出版会, 東京
半田ゆかり (1992) マングースによる被害調査―総括―. チリモス 2: 28-34
南海日日新聞 (1983) 赤崎でマングース暗躍ハブの巣も撃退. 1983年1月19日付記事
山田文雄・阿部愼太郎・半田ゆかり (1998) 奄美大島の希少種生息地における移入マングースの影響. 日本哺乳類学会1998年度大会講演要旨集, 70

■ 著者紹介（五十音順）

太田 英利（おおた ひでとし）
1959年、愛知県生まれ。現在、兵庫県立大学教授、兵庫県立人と自然の博物館研究部長。専門は爬虫・両生類の系統分類学。京都大学理学研究科博士後期課程中退。琉球大学理学部、同熱帯生物圏研究センターを経て2009年4月より現職。著書に『Tropical Island Herpetofauna』（1999年、Elsevier、編著）、『レッドデータアニマルズ全8巻』（2000～2001年、講談社、共編著）、『これからの爬虫類学』（印刷中、裳華房、共著）など。

大塚 靖（おおつか やすし）
1968年、愛媛県生まれ。現在、鹿児島大学国際島嶼教育研究センター准教授。専門は衛生動物学。九州大学理学研究科修了。大分大学医学部を経て、2014年より現職。論文に「日本における人獣共通オンコセルカ症の媒介ブユ」（共著、2012年、Medical and Veterinary Entomology）、「ウォーレス亜属ブユの地理分布」（共著、2015年、南太平洋研究）など。

尾川 宜広（おがわ よしひろ）
1969年、鹿児島県生まれ。鹿児島県農業開発総合センター大島支場研究専門員。専門は植物病理学。鹿児島大学大学院農学研究科修士課程終了。1994年に鹿児島県庁入庁後、2013年から現職。論文に「First Report of *Pepper mottle virus* on *Capsicum annuum* in Japan」（2003年, 日本植物病理学会）など。

興 克樹（おき かつき）
1971年、鹿児島県生まれ。現在、ティダ企画有限会社代表取締役。奄美海洋生物研究会会長。奄美クジラ・イルカ協会会長。専修大学文学部卒。サンゴ礁保全やウミガメ類の繁殖生態、鯨類に関する調査研究に取り組んでいる。

金井 賢一（かない けんいち）
1969年、神奈川県生まれ。現在、鹿児島県立博物館学芸主事。専門は昆虫。鹿児島大学大学院連合農学研究科在籍。鹿児島県高等学校理科教諭（加治木高校、武岡台高校、大島高校）を経て2010年より現職。鹿児島昆虫同好会庶務幹事、屋久島学ソサエティ編集理事。主要論文「奄美群島へのデイゴヒメコバチ（ハチ目：ヒメコバチ科）の侵入」（2008年、日本応用動物昆虫学会誌 52: 151-154）、「奄美大島のクマゼミ（特集 奄美諸島の昆虫）」（2010年、昆虫と自然 45: 10-13+ 1pl.）など。

久保 雄広（くぼ たかひろ）
1986年、神奈川県生まれ。国立環境研究所生物・生態系環境研究センター研究員。専門は環境経済学、野生動物管理学。2015年に京都大学大学院農学研究科生物資源経済学専攻を修了し、現職。博士（農学）。

久米 元（くめ げん）
1974 年、佐賀県生まれ。現在、鹿児島大学水産学部准教授。東京大学大学院農学生命科学研究科博士課程修了。博士（農学）。2012 年より現職。著書に「絶滅危惧種リュウキュウアユの生活史」（2016 年、『奄美群島の生物多様性』南方新社）など。

栗和田 隆（くりわだ たかし）
1978 年、群馬県生まれ。現在、鹿児島大学教育学系准教授。専門は行動生態学。九州大学大学院理学府生物科学専攻博士課程修了。沖縄県病害虫防除技術センター、日本学術振興会特別研究員 PD（受入：農研機構九州沖縄農業研究センター）を経て、2013 年から現職。主要論文「Nuptial gifts protect male bell crickets from female aggressive behavior」（2012 年、Behavioral Ecology 23: 302-306）、「サツマイモの特殊害虫アリモドキゾウムシの根絶に関する最近の研究展開」（2013 年、日本応用動物昆虫学会誌 57: 1-10）など。

坂巻 祥孝（さかまき よしたか）
1969 年、埼玉県生まれ。鹿児島大学農学部准教授。博士（農学）。専門は害虫学、昆虫分類学。北海道大学大学院農学研究科博士課程修了。鹿児島大学農学部助手を経て 2006 年より現職。主要著書は『日本産蛾類標準図鑑 3 巻』（2013 年、学研教育出版、共編著）など。

鈴木 真理子（すずき まりこ）
1981 年、千葉県生まれ。鹿児島大学国際島嶼教育研究センター奄美分室プロジェクト研究員。専門は動物行動学。京都大学大学院理学研究科生物科学専攻博士後期課程単位取得退学。博士（理学）。2015 年より現職。

冨山 清升（とみやま きよのり）
1960 年、神奈川県生まれ。現在、鹿児島大学大学院理工学研究科准教授。専門は動物生態学。東京都立大学理学研究科生物学専攻博士課程修了。国立環境研究所野生生物保全研究チーム、茨城大学理学部地球生命環境科学科を経て、1997 年より現職。著書に「小笠原諸島での陸産貝類の種分化」（1996 年『日本の自然 地域編 8. 南の島々』岩波書店）など。

津田 勝男（つだ かつお）
1957 年、長崎県生まれ。鹿児島大学農学部教授。農学博士。専門は害虫学、特に天敵微生物学。九州大学大学院農学研究科博士後期課程修了。福岡県農業総合試験場勤務を経て 1997 年より現職。前職時代にバイオリサの実用化研究に関与。主要論文「*Beauveria brongniartii* に感染したキボシカミキリ雌成虫の産卵能力」（1995 年「九州病害虫研究会報」vol.41.114-116 ページ）など。

中西 良孝（なかにし よしたか）
1956 年、香川県生まれ。鹿児島大学農学部教授。農学博士。専門は家畜管理学。九州大学大学院農学研究科博士後期課程所定の期間在学の上退学。九州大学農学部助手、鹿児島大学農学部助教授を経て、2002 年より現職。主要著書は『めん羊・山羊技術ハンドブック』（2005 年、（社）畜産技術協会）、『ヤギの科学』（2014 年、朝倉書店）、『肉用牛の科学』（分担執筆）（2015 年、養賢堂）ほか。

中村 浩昭（なかむら ひろあき）
1967 年、鹿児島県生まれ。現在、鹿児島県農業開発総合センター（兼）大島支庁農林水産部農政普及課 研究専門員。専門は農業行政全般。鹿児島大学大学院人文社会科学研究科修了。鹿児島県入庁後、県下の農業改良普及所（センター）、経営技術課、市町村課、農業開発総合センターの勤務を経て、2013 年 4 月より現職。

橋本 琢磨（はしもと たくま）
1971 年、神奈川県生まれ。現在、一般財団法人自然環境研究センター上席研究員。専門は哺乳類学。新潟大学大学院自然科学研究科博士課程修了。著書に、「クマネズミ ―島嶼からの根絶へ―」山田文雄・他（編）『日本の外来哺乳類 管理戦略と生態系保全』東京大学出版会、2011．「奄美から世界を驚かせよう ―奄美大島におけるマングース防除事業、世界最大規模の根絶へ―」共著、水田拓（編）『奄美群島の自然史学 亜熱帯島嶼の生物多様性』。

福元 しげ子（ふくもと しげこ）
1952 年、鹿児島県生まれ。現在、鹿児島大学総合研究博物館助手・学芸員。専門は地域昆虫学。鹿児島大学大学院理工学研究科修了（理学）。2001 年より現職。共著論文に「奄美群島加計呂麻島からのアリ類の記録」（2016 年、日本生物地理学会）、著書に「薩南諸島北部のアリ相」（2016 年、『奄美群島の生物多様性 研究最前線からの報告』南方新社）など。

藤田 志歩（ふじた しほ）
1972 年、兵庫県生まれ。現在、鹿児島大学農水獣医学域獣医学系准教授。博士（理学）。専門は霊長類学。京都大学大学院理学研究科博士後期課程修了。著書に『日本の哺乳類 2 中大型哺乳類・霊長類』（2008 年、東京大学出版会）、『人とサルの違いがわかる本―知力から体力、感情力、社会力まで全部比較しました』（2010 年、オーム社）、『The Japanese Macaques』（2010 年、Springer Science+Business Media）、『Mahale Chimpanzees: 50 Years of Research』（2015 年、Cambridge University Press）（いずれも分担執筆）など。

松田 維（まつだ たもつ）
1969 年、東京都生まれ。一般財団法人自然環境研究センター研究員。東海大学文学部文明学科アジア専攻日本課程卒業。2006 年より、同センターでマングース防除事業に携わる。その後、環境省奄美自然保護官事務所で自然保護官補佐として希少種の保護業務を経て、2015 年より現職。現在、奄美大島事務所にて奄美大島におけるフイリマングース防除事業に携わる。

豆野 皓太（まめの こうた）
1992 年、京都府生まれ。北海道大学大学院農学院（森林政策学研究室）修士 1 年。生物多様性の保全や外来種の管理に関して、人々の意識や行動を対象とした研究に取り組んでいる。

山根 正気（やまね せいき）
1948 年、北海道生まれ。現在、鹿児島大学名誉教授。専門はハチ・アリ類の分類と生物地理。北海道大学大学院農学研究科博士課程単位取得退学。鹿児島大学理工学研究科教授を 2014 年に退職。著書に『Biology of the Vespine Wasps』（1990 年、Springer）、『南西諸島産有剣ハチ・アリ類検索図説』（1999 年、北海道大学図書刊行会）、『アリの生態と分類―南九州のアリの自然史』（2010 年、南方新社）（いずれも共著）など。

米沢 俊彦（よねざわ としひこ）
1970 年、鹿児島県生まれ。現在、鹿児島県環境技術協会研究員。鹿児島大学理学部生物学科卒。1997 年より現職。鹿児島県内各地の水生生物の調査に携わっている。

奄美群島の外来生物
生態系・健康・農林水産業への脅威

2017年3月20日　初版第一刷発行

編　　者　鹿児島大学生物多様性研究会
発行者　向原祥隆
発行所　株式会社 南方新社
　　　　〒892-0873　鹿児島市下田町292-1
　　　　電話　099-248-5455
　　　　振替口座　02070-3-27929
　　　　e-mail info@nanpou.com
　　　　URL http://www.nanpou.com/

印刷・製本　株式会社イースト朝日
定価はカバーに表示しています　乱丁・落丁はお取り替えします
ISBN978-4-86124-361-5 C0045
©鹿児島大学生物多様性研究会 2017 Printed in Japan

奄美群島の生物多様性 ◎鹿児島大学生物多様性研究会編 定価（本体 3500 円＋税）	世界自然遺産登録を目前に控えた奄美の生物多様性を、最前線に立つ鹿児島大学の研究者が成果をまとめる。森林生態、河川植物群落、アリ、陸産貝、干潟底生生物、貝類、陸水産エビとカニ、リュウキュウアユ、魚類、海藻……。
南西諸島の生物多様性、その成立と保全 ◎日本生態学会編 定価（本体 2000 円＋税）	世界の生物多様性のホットスポットであり、世界自然遺産候補に指定された南西諸島。陸上生物、海生生物の各分野の専門家が一堂に会し、最新の知見を総合的にまとめた。保全のために何が必要か提起する。
アリの生態と分類 ◎山根正気他 定価（本体 4500 円＋税）	124 種を高画質写真で詳説。関西以西で活用可能なニュータイプのアリ図鑑。巻頭では、世界と日本のアリの生態や、南九州のアリの生活を興味深く紹介。最悪外来種ヒアリとアカカミアリを、日本で初めて詳細図解した。
鹿児島環境学 I ◎鹿児島環境学研究会編 定価（本体 2000 円＋税）	21 世紀最大の課題である環境問題。本書は、研究者をはじめジャーナリスト、行政関係者等多彩な面々が、さまざまな切り口で「鹿児島」という最も暮らしに根ざした地域・現場から環境問題を提示する。
鹿児島環境学 II ◎鹿児島環境学研究会編 定価（本体 2000 円＋税）	世界自然遺産登録を目指す奄美。亜熱帯照葉樹林、固有の動植物など、その価値は世界中の専門家が認める。奄美の環境・植物・外来種・農業・教育・地形・景観について、現状・課題を論じ、遺産登録への道筋を模索する。
鹿児島環境学 III ◎鹿児島環境学研究会編 定価（本体 2000 円＋税）	奄美最深部・徳之島に挑む。奄美群島の中でも「長寿の島」「闘牛の島」と名高い徳之島は、照葉樹林の大森林地帯、「生きた化石の島」とよばれる固有種群、南島考古学史上最大の発見「カムィヤキ古窯跡」など、最注目すべき島である。
鹿児島環境学 特別編 ◎鹿児島環境学研究会編 定価（本体 2000 円＋税）	「奄美、琉球」世界自然遺産へ向けた「鹿児島環境学」プロジェクト。本書では、文学、植物、生態、環境行政、エネルギー政策などの多面的なアプローチで環境問題をとらえる。世界自然遺産専門家モロイ氏の基調講演も収録。
鹿児島環境キーワード事典 ◎鹿児島環境学研究会編 定価（本体 2000 円＋税）	亜熱帯から温帯まで、南北約 600 キロに広がる鹿児島は、多様な自然の姿を見せる。この独特な自然の景観や希少種の保護への取り組み、水・大気汚染、産業がもたらす環境への影響など、環境に関するキーワード 100 を収録した。

注文は、お近くの書店か直接南方新社まで（送料無料）。
書店にご注文の際は「地方小出版流通センター扱い」とご指定ください。